通用智能与大模型丛书

底层视觉

高清大片背后的
人工智能

董 超　胡锦帆　著

电子工业出版社
Publishing House of Electronics Industry
北京·BEIJING

内 容 简 介

本书生动地讲述了底层视觉的发展历史，总结了人工智能前沿的最新成果，揭示了高清大片背后的科学奥秘，展现了实事求是和永无止境的科学家精神。本书最大的特色是运用散文化的语言讲述深奥的学术知识，深入浅出、活泼真实，同时附有作者的科研感悟和心路历程，富有启发性。本书适合理工科专业的大学生和研究生、科研人员，以及人工智能爱好者阅读。

图书在版编目（CIP）数据

底层视觉之美：高清大片背后的人工智能 / 董超，
胡锦帆著. -- 北京 : 电子工业出版社，2025. 2.
（通用智能与大模型丛书）. -- ISBN 978-7-121-49465-9

Ⅰ. TP302.7

中国国家版本馆 CIP 数据核字第 20257918T7 号

责任编辑：郑柳洁　　　　文字编辑：张　晶
印　　刷：北京瑞禾彩色印刷有限公司
装　　订：北京瑞禾彩色印刷有限公司
出版发行：电子工业出版社
　　　　　北京市海淀区万寿路 173 信箱　　　邮编：100036
开　　本：720×1000　　1/16　　印张：14.25　　字数：311 千字
版　　次：2025 年 2 月第 1 版
印　　次：2025 年 4 月第 2 次印刷
定　　价：109.00 元

凡所购买电子工业出版社图书有缺损问题，请向购买书店调换。若书店售缺，请与本社发行部联系，联系及邮购电话：（010）88254888，88258888。

质量投诉请发邮件至 zlts@phei.com.cn，盗版侵权举报请发邮件至 dbqq@phei.com.cn。

本书咨询联系方式：zhenglj@phei.com.cn，（010）88254360。

推荐序一

　　智能时代，技术与艺术的结合早已渗透到我们的日常生活，尤其是在计算机视觉领域。随着智能设备的普及，高清图像、视频处理及内容生成技术已经成为我们生活中不可或缺的一部分。然而，在令人惊艳的视觉效果背后，隐藏着复杂而精妙的人工智能算法，尤其是底层视觉技术。

　　《底层视觉之美：高清大片背后的人工智能》为我们打开了一扇通向底层视觉世界的大门。作者董超与胡锦帆深入浅出地讲解了底层视觉的发展历程及其背后的技术细节，从传统算法到如今炙手可热的深度学习，展示了底层视觉的科学力量与艺术美感的完美结合。

　　本书不仅是一部技术专著，更是一部富有温度的作品。作者以丰富的科研经验与独到的见解，为我们揭示了底层视觉技术的前世今生，同时通过美学的视角，带领读者感受计算机生成图像的魅力与挑战。无论是计算机视觉领域的专业人士，还是对高清影像、内容生成技术感兴趣的读者，都能从本书中受到启发，与作者产生共鸣。

　　我在香港中文大学任职期间有幸指导过本书的作者董超。董超多年来专注于底层视觉研究，他的很多研究给人留下了深刻印象。其最具影响力的研究之一是2014年提出的图像超分辨率网络SRCNN。这项奠基性研究完成时，深度学习仍主要用于高层视觉。董超在经历无数次尝试后，终于实现了这一突破。

　　我非常荣幸能与董超、何恺明及汤晓鸥教授一同取得了如此有意义的成果。汤晓鸥教授非常喜爱SRCNN这篇文章，多次在不同场合分享它所展现的原创精神。2023年，汤晓鸥教授不幸离世，而这篇文章也成为我们对他深切思念的寄托。

　　愿这本书带你领略底层视觉的无尽之美，开启探索视觉世界的崭新旅程。

吕健勤

南洋理工大学校长讲座教授

2024 年 10 月

推荐序二

期待了许久，董超的这本专著终于要面世了。我很开心能够在这本书正式出版发行之前先睹为快，为这本书写推荐序，更是我义不容辞的事儿。

这是一本很独特的书。它不是枯燥的技术类书，而是用优美的散文化的文字，写出了作者对底层视觉的深刻理解和广泛的经验，通俗易懂。作者在这本书的前言中，谦逊地描述了本书的特色、优势和局限性，让读者对全书有了一个感性的认识。然后，作者把这本书划分为两个貌似不着边际实则紧密联系的部分："科学之美"和"人格之美"。在第一部分"科学之美"中，第1～2章介绍作者对人工智能和底层视觉的理解及定义；第3章介绍作者的经典代表作SRCNN的创作经历；第4章回顾神经网络的发展；第5章介绍作者在公司做产品的经历；第6～9章是作者对目前最新相关技术的阐述，其中第9章有作者对未来通用人工智能的独特思考。在第二部分"人格之美"中，作者详细而风趣地描述了其创建的XPixel实验室的文化、对科学家精神的理解，以及一些生活小品。最后还有两首诗，体现了作者不为人知的一面。

作为一名长期从事底层视觉研究的研究者，我为我们能够拥有一批像董超这样的青年翘楚而感到欣慰和骄傲。十多年前，当深度学习作为神经网络的超级进化版，以一种不一样的姿态突然崛起并横扫很多高层视觉任务时，我还很坚定地认为它不会在图像复原这样的回归任务中取得领先地位。但很快，董超的SRCNN就有力地回击我现在看来很天真的判断，我的学生张凯做出DnCNN之后，我才深刻意识到自己思维的僵化，并开始认真对待这一伟大的技术突破。

董超不仅具有极强的创新意识，更令我欣赏的是他认真严谨的做事态度，以及对自我的高要求。对于这本书，董超从构思到写作，以及后期的精雕细琢，足足花费了两年的时间，这不是每个学者都能够做到的，体现出董超对这本专著的用心和投入，本书绝对值得一读。

董超不仅是一名优秀的青年学者，更是一位有情怀的学者，有一颗执着于底层视觉研究的心。在目前这个大部分人喜欢吃快餐的年代，我很欣慰我们依然有像董超这样的青年学者，能够有坚定的信念，沉下心来做深入的研究。我非常期待这本书能够让更多的年轻人对底层视觉有不一样的认识，进而走进这一美妙的领域，取得不可思议的研究成果！

张磊

香港理工大学讲席教授

2024年11月于香港理工大学

推荐序三

　　董超是我颇为欣赏的青年学者，在底层视觉领域建树卓越。欣闻董超大作即将付梓，邀我写序，感到与有荣焉，又颇为诚惶诚恐。因书中的若干章节乃董超访问澳大时完成，作为当时的东道主，写序之事实难推却。

　　本书语言轻松，读下来几乎一气呵成。抛开技术层面，更吸引我的反而是技术背后的故事。底层视觉的学者对董老师的成名作之一——SRCNN 都颇为熟悉。他工作背后的信念、对当时新技术（深度学习）的坚持、研究的简洁之美，等等，都是从论文中读不到的。而恰恰是这些内容，让人颇受启发，指引读者去做更有创造力和影响力的工作。此外，董超技术功底深厚，文字扎实，描述工作深入浅出，诙谐幽默，将有"深度"的技术和有启发性的故事完美地融入"底层视觉之美"。

周建涛

澳门大学电脑与资讯科学系主任

2024 年 11 月

前言

本书缘起

我本来想写一本介绍底层视觉前沿技术的教材，但后来发现它注定会成为一本历史书。既然如此，干脆就写一本历史书，让技术成为媒介，将那段波澜壮阔的历史，补充以我的个人经验，呈现给大家。这也是将本书命名为《底层视觉之美：高清大片背后的人工智能》的原因。过去十年来，我对底层视觉感触颇深。在底层视觉里，技术的背后有着对艺术的追求，艺术的背后又有着科学的力量，而科学注定与哲学相互交织，这就是本书想表达的底层视觉之美，一种在智能时代才有的全新美学。这本书适合所有领域的读者，希望所有对底层视觉感兴趣的人，都能徜徉其中，没有障碍地阅读。接下来，我会分几个方面介绍写这本书的写作动机，以及这本书独特的呈现方式。

底层视觉需要一本专业性的技术书

虽然底层视觉只是计算机视觉的一部分，但它历史久远、分支众多、特点鲜明，需要一本专门的书来介绍。人们（甚至一些人工智能领域的从业人员）对底层视觉普遍不了解。我发现很多人工智能教材中没有将底层视觉独立成章，甚至不曾提及，这是很大的失误！底层视觉所受到的关注与它的重要程度明显不符。我们生活中常见的智能拍照、短视频应用、电影、电视等都离不开底层视觉技术。而很多工业场景，如医疗影像、卫星成像、电视广播、水下勘探等也需要底层视觉技术的支撑。

底层视觉需要一本总结性的历史书

过去十年，我们经历了从传统算法到深度学习的深刻变革，底层视觉也日益成熟，从几个独立的图像处理任务扩展为分支众多、纵横交错的视觉领域，它的起承转合是那么精彩。在新一代技术革命到来之前，我们有必要对底层视觉进行阶段性的总结。同时，现在的论文数量越来越多，新的论文让人应接不暇，早期的论文很快会被淘汰。如果想了解过去十年的技术发展，阅读一本经过凝练的书显然是最好的方式。这本书也将为年轻的学者们提供便利，帮助他们从浩瀚的论文海洋中解脱出来，手握一把可以快速入门的钥匙。

底层视觉需要一本有温度的美学书

底层视觉与高层视觉不同，它面对的不是一个个冷冰冰的数字指标，而是一幅幅生动的图像画面。这就要求底层视觉的研究者不仅要懂计算机算法，也要有基本的美学素养。我们要学会欣赏计算机生成的图像，培养对图像的敏感度，并从细微处发现算法的问题，也要将创造完美的画质作为我们的最高追求。底层视觉是有温度的人工智能，它与我们离得很近，可以直接触碰我们的情感，提升我们对美的体验。因此，底层视觉注定要与美同行，我也希望将底层视觉之美渗透到这本书的各个方面。

本书将会有许多不同于传统技术书或教材的地方，我也想在一开始就告知读者，以免引起误解。

强调主观经验

这是本书最大的特色，也是最可能受到质疑的地方。教材都要强调客观性，不能加入太多主观色彩，也不能植入个人观点。如果那样做，这本书就太枯燥了。我最想传达的就是这些年对底层视觉的经验和体会，它们才是我思想的结晶，才是最有益于读者的地方。我不能丢掉珠子，给读者盒子（买椟还珠）。然而主观就势必有偏，我不能保证所有人都认可这些观点，也不能保证这些观点中的每一句话都正确。希望我个人的观点能够引发思考、产生碰撞、启迪智慧。

试图以偏概全

要把底层视觉的方方面面都写到实在是太困难了，至少要有 20 个章节，十多个研究分支，每个分支都有自己独特的发展历程和技术特点。即便真的把所有技术都组合到一起，形成一本庞大的集锦，也很少有人会从头到尾读完，那就失去了写这本书的意义。因此，我决定大胆地以偏概全，只写自己熟悉的领域，只说自己写过的论文，只讲自己经历的故事。这样就能保证技术的准确性和经验的完整性，也更能体现我们的研究特色。在以偏概全的过程中，我也会尽量辐射其他子领域，让读者仍然可以了解底层视觉的全貌。

尝试提升高度

历史书的目的从来不是增加我们的记忆，而是以史为鉴，以古喻今。所有事物的发展都有一定的规律，这个规律跟事物本身无关，是通行天地亘古不变的道理，我希望能从底层视觉的发展中看到这样的规律。从最早的算法突变，到后来的技术爆炸，再到现在的智能涌现，其中蕴含了怎样的发展规律，这个规律是否也出现在高层视觉中，是否也是人工智能的发展规律，甚至是否可能是自然生物进化的缩影，这里面的道理无法直接讲明，却可以隐约感受到。如果我们能将人工智能放到自然规律面前，那么也许会发现它的发展从来都不是由人来掌控的，有一只看不见的手在指挥着这一切。如果我们能够了解人工智能发展背后的客观性，那么是否也能够更加谦卑地前行？也许无情的背后是有情，有情的背后是无情。

以上就是我写本书的初衷，也是本书的归结。说简单点儿，就是我希望以最直白的方式表达我的观点，也希望以最方便的方式让读者受益。本书的章节也是按照技术发展的顺序来安排的，可以像读小说一样从头读到尾，也可以"捡"起某个章节专看技术部分。同时，我也会穿插介绍一些当年做这些研究时遇到的挫折和产生的体会，希望为初学者提供一点点信心和帮助，也为世界增加一点点新知、一点点美好。

本书的主要分工

本书的主要文字部分由我（董超）完成，包括技术章节和经验分享，而技术章节后的小贴士和全书的插图由我的学生胡锦帆博士完成，他也为本书付出了巨大的精力。这本书虽然是我在写，但实际是整个 XPixel 团队的科研成果在支撑，感谢每一位 XPixel 的同学，也感谢康馨予为本书所做的文字校对工作。另外，本书所列举的大部分工作是我们团队自己的成果，没有覆盖行业内所有代表性的工作。实际上，做底层视觉的优秀团队和杰出教授很多，像曾经对我启发很大的张磊老师、左旺孟老师和孟德宇老师，他们的工作也非常值得学习和研究，只是我很难将他们的工作都写入书中，请他们见谅，也请读者见谅。

致谢

谨以此书献给我最敬爱的导师汤晓鸥教授，没有汤老师，就没有底层视觉之美，可惜他再也看不到这本书了，希望能用这十年的成果报答他万一的恩情，我愿在这本书中刻下对他永恒的怀念！感谢澳门大学的周建涛老师，他给我提供了宝贵的机会，可以在澳门大学图书馆里安心写书！感谢 XPixel 团队的所有成员，尤其是吕建勤老师、乔宇老师、王鑫涛和顾津锦，他们是 XPixel 的奠基者和共建者，也是我最好的老师和伙伴！XPixel 十年的努力也终于开花结果，孵化出了明犀科技（SupPixel.AI）这家公司，我们将把最新的研究成果放到公司的官网上，让所有人都可以直接体验底层视觉之美！

董超

目录

第二部分：人格之美

第一部分

科学之美

第 1 章
人工智能是什么

　　这个世界上最难回答的问题，就是关于"是什么"的问题，例如"我是谁"。而"是什么"又是任何学科展开时都必须讨论的问题，也是囊括整个学科核心要点的问题。当我们解答清楚"是什么"之后，"为什么"和"怎么做"往往呼之欲出，顺理成章了。关于"人工智能是什么"这个问题，一定很难回答，因为"人工智能"这个词汇就是人为定义的，它的出现也只有不到七十年（提出于 1956 年）的光景。在人类发展历程中，它的定义也随着技术的进步不断被修正，人们对它的认知和想象也在不断提升，要想给它一个完整且统一的定义，几乎是不可能的。虽然困难，却不得不定义，我们必须给自己所研究的领域设定一个范围，也必须给社会大众一个交代。如果我们不能准确地定义自己的学科，就势必造成鱼龙混杂的局面，很多模棱两可的概念会出现，到时我们就要为不属于我们的错误和谣言买单。同时，社会民众也有必要了解这一基础概念，他们需要分清到底什么是人工智能，什么不是。借由定义，我们可以判断哪些是人工智能的产品，哪些是人工智能的想象，而哪些是借用人工智能概念来包装的伪科学。

　　其实我们的教科书上一直都有各种各样关于人工智能的定义，这些定义有一个共同的特点，那就是过于宽泛，不具备区分性。我们看过这些定义后，感觉好像挺正确，却仍然不知道人工智能是什么。

　　举例来说，百度百科给出的人工智能的定义是，"人工智能是一个以计算机科学为基础，由计算机、心理学、哲学等多学科交叉融合的交叉学科、新兴学科，是研究、开发用于模拟、延伸和扩展人的智能的理论、方法、技术及应用系统的一门新的技术科学，企图了解智能的实质，并生产出一种新的能以与人类智能相似的方式做出反应的智能机器，该领域的研究包括机器人、语言识别、图像识别、自然语言处理和专家系统等。"这个定义可以说非常长，几乎包含了所有你能想到的跟人工智能相关的课题。然而，读完后你仍然不知道人工智能到底是什么。或者说，你无法通过定义来判断哪些是人工智能，哪些不是，例如指纹识别和图像处理到底是不是人工智能。如此一来，这个定义就会失去它的应用价值。

我并不是说这个定义不对，而是我们需要更加有辨别度的原则对其进行补充。有一个很明显的现象，就是我们人工智能专业的本科生到毕业也无法说出人工智能到底是什么，而我们做图像处理的研究生到就业都在怀疑自己做的是不是人工智能。同时，我们的市场上到处都是人工智能的产品和广告，好像商人们比学者们更懂人工智能。这样的情况需要避免，而我自己也有相应的责任。

为此，我根据这些年对人工智能的思考和教学经验，总结了人工智能应遵循的四个原则，如图 1-1 所示，从四个方面来划定人工智能的边界，给人们一个实用的抓手，判别什么是人工智能。需要声明的是，这四个原则需要相互印证，同时使用，它们的目的不是取代现有人工智能的定义，而是给这些定义提供一个更好的补充。毕竟，教科书上的定义需要的是准确性和包容性，而我给出的原则强调的是经验性和实用性。下面我就来详细介绍这四个原则。

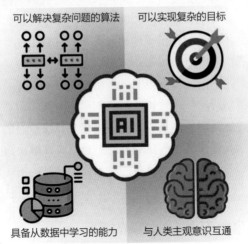

图 1-1　人工智能应遵循的四个原则

1.1　人工智能是可以解决复杂问题的算法

第一个原则里有两个关键词，一个是算法，另一个是复杂问题。

首先，我们界定人工智能是一种算法，而不是想象中的机器人。它不需要借助特定的形体，也不需要有如人一般的样子。在早期的科幻电影（如《机械公敌》）中，人工智能多是以机器人的形态出现的，这就难免给人一种错觉，认为人工智能就得长得像人。实际上，形体会极大地限制人工智能的发挥。人工智能可以借助互联网的力量，将作用范围扩展到全世界。《流浪地球 2》就展示了这类人工智能，它的核心代码存在中央处理器中，却可以通过互联网控制全球的摄像头，监控人类的行踪。这样的人工智能远比一个有形的机器人更加可怕，它很难被"杀死"，也极易隐藏和复制。如果人工智能要"造反"，那么我们就必须知道对手的厉害。

当然，通过后面的几个原则，我们也会看到，人工智能并不像电影里面描绘的那么可怕，算法可以界定人工智能的本质。研究人工智能的关键是研究算法，而不是外在形体。算法是可以通过明确的计算机语言描述的，在给定输入的情况下，其输出结果（或统计结果）是稳定可预测的。算法可以进化，可以产生智能，但没有自己的意志，这一点也否定了人工智能会产生意识的说法，或者说人工智能不会自己主动产生意识。

第二个关键词是复杂问题，它可以用来区分普通的算法和人工智能算法。很显然，不是所有的算法都是人工智能算法，而算法本身也不具备人工智能的属性，需要根据要解决的问题来判别。简单的算法往往不需要任何"智能"的介入就可以完美解决问题，例如符号运算、流程规划及有闭式解的方程。而有些问题更加复杂，难以给出确定的或唯一的答案，例如 NP 难问题和多目标优化问题，这时算法给出的往往是一个局部最优解或概率。不同的算法给出的答案不一样，答案的"准确度"也会随着算法的改善而提升，这样的问题既可以很小，也可以很大。小的问题例如预测一个模糊图像对应的清晰图像，这个问题没有唯一的正确答案，而更好的算法可以估算出更清晰的图像。大的问题例如给出一个城市的出租车调度方案，这需要同时掌握整个城市的车流量和人流量，并统计它们的运作规律，越好的算法给出的方案越高效。在解决这些复杂问题时，算法具备了某种程度的智能。也只有在解决这些复杂问题时，才需要具备智能的算法。如此看来，那些解决简单问题的产品，例如触摸屏和声控器，就不是人工智能。

1.2 人工智能可以实现复杂的目标

第二个原则同样有两个关键词，分别是"目标"和"复杂"。

我们先看目标。目标是人为设定的，有明确的方向。人工智能之所以需要目标也是由算法本身的特性决定的。而目标既然是人为设定的，就受到人的掌控，这样一来，人工智能就不会任意妄为，或做出无目的的行为。我们常常担心人工智能会毁灭人类，自己创造一个新的世界，根据这一原则，人工智能不会自行做出这样的决定，除非有人给它这样的目标。因此，真正要防范的不是人工智能，而是人心。但这样一来，是否意味着人工智能不会威胁人类呢？

并非如此，这里的重点在于第二个关键词"复杂"。复杂意味着目标之下可能存在诸多子目标，为了实现一个复杂的目标，人工智能必须分解和执行多个子目标，而这些子目标由算法自行优化产生，不由人来决定，由此产生的不确定性才是真正可能威胁人类的。举例来说，我们给人工智能机器人设定一个目标——做一盘番茄炒鸡蛋。为了实现这一目标，算法将其分解为拿菜、洗菜、切菜、炒菜、盛菜五个子目标，每个子目标如何实现由算法自行优化决定。也正是因为它可以完成这些子目标，人们才会觉得它很智能，好像可以思考一样。由于完成子目标的方式是算法自己决定的，所以可能产生无法预料的事件。例如当机器人拿着菜刀通过厨房时，就可能误伤在其中奔跑的孩子。这时我们不能说机器人产生了伤人的恶意，只能说它完全没有意识到这件事。而这样的事情可能出现在很多场合中，例如让机器人保护一个孩子，它就有可能为了保护这个孩子而伤害其他孩子，这就是子目标不受控产生的结果。为了减少这类情况，我们要给人工智能设定诸多限制，让它在实现目标的过程中满足某些条件，如自动避开障碍物与活体（包括人类与动物），以此来限制子目标。当然，实现复杂的目标本身也是人工智能最大的优势，所实现目标的复杂程度也正是其智能程度的体现。如果我们的人工智能可以实现让人类幸福生活这样的复杂目标，人类就真的可以高枕无忧了。

1.3　人工智能具备从数据中学习的能力

这是现代人工智能的主要特征，也是人工智能可以超越人类的根本依据。之所以强调"现代"，是为了跟深度学习之前的人工智能相区别。这里的关键词是"数据"和"学习"，数据就是经验，而学习就是从经验中找到规律，提升自己，并做出行动。从数据中学习，意味着我们给算法的不是标准答案，而是推理环境。实际上，学习能力不仅是人工智能的特征，而是一切智能的特征。如果一种有智能的生物只能执行规定的动作，而不能从环境中学习新的技能，那么这个生物的智能水平将会非常低，而且极容易在环境变化时被淘汰。学习就意味着适应，意味着改变。当算法能够通过学习不断进步时，就是它可以进化出更高智能的时候。不具备学习能力的算法充其量只是一个高级的命令执行者，注定无法解决复杂的问题或实现复杂的目标。

人工智能的发展历史也充分证明了这一点。早期的人工智能研究者致力于专家系统的研发，这类系统非常依赖人的主观经验，要编程者告诉代码应该如何一步步运行，才能得到最终的结果。以下棋为例，专家系统需要告知算法当遇到什么情况时，应该如何应对，每一步的应对策略都是明确写好的。如此一来，算法只会做出固定的反应，从而永远无法超越人类。而深度学习诞生以来，算法的学习能力大幅度提升，几乎没有上限。通过深度学习和强化学习两种学习算法的加持，AlphaGo 可以在短时间内学习数千万盘人类棋局，并从中找到规律，自行决定下棋方式，成功战胜了人类世界冠军。在此之后，研究者发现，人类的经验对于人工智能也是一种限制，干脆让计算机自己与自己下棋，从自己的经验中总结规律，从而创造出全新的下棋方法，由此产生的 AlphaGo Zero 很快便全面超越了 AlphaGo。

这就是学习的力量，也只有当算法开始超越人类时，人们才会惊呼，这才是人工智能！而早期的专家系统只能算是人工智能领域的初期探索，注定无法产生人们普遍认可的智能。

1.4 人工智能要与人类主观意识互通

这是最后一个原则，也是最难以理解的原则。人工智能算法无论多么厉害，都必须经过人类的认证，或者说只有人类认可的智能才算人工智能。既然有人的参与，就有主观性和差异性。那么，我们应该如何划分这个界限呢？早在人工智能这个词诞生之前，图灵就给出了一种方法，叫作图灵测试。简单来讲，就是如果人以 30% 的概率无法分辨对面回答问题的机器是人还是机器，那么这个机器就算具备智能。这个方法以人的主观意识作为评判标准，实际上我们现在看到的 ChatGPT 早就远远超出了图灵测试的标准。

这里我有必要对"主观意识"和"互通"两个关键词做进一步解释。主观意识更多指无法言说的认知和感受。例如判断一个人是中国人还是韩国人，很多人可以给出准确的判断，却很难描述清楚他们判断的标准是什么，到底是眼睛不同还是嘴巴不同？即便能给出一些标准，这些标准也无法适用于所有情况，这就是无法言说的主观认知。如果我们的算法通过学习大量的案例，能准确地分辨出中国人和韩国人，它就与我们的主观认知具备了某种一致性。

人和算法都无法描述他们判断的标准，却能做出相同的判断，这就产生了互通，使得人们觉得算法具备了与自己相同的智能。同样的道理，当人工智能做出的某些行为能够符合我们没有言说的需求时，就会让我们产生智能的感觉。例如，手机里的短视频应用可以在我们没有提出要求的情况下，自动推送我们想要的内容，这就是通过分析我们之前的浏览数据，再结合共性的需求，产生的智能推送行为。再例如，现有的内容生成算法可以生成逼真的人脸、美丽的图画和动听的音乐，让人们无法分辨作者到底是人还是机器，这就具备了相当水平的智能。相反地，如果算法的能力达不到我们的认知水平，或者无法与我们产生互通，这个算法就不能算作真正的人工智能算法。也就是说，一个算法是不是人工智能算法不仅与任务有关，也与性能有关。因此，不是所有的人脸识别算法都是人工智能算法，只有接近或超越人眼识别能力的算法才算被普遍认可的人工智能算法。当然，任何算法在超越人类之前都要经过漫长的探索阶段，我们仍然可以称其为人工智能研究。

以上四个原则相辅相成，共同使用就可以对现有的人工智能进行评判。衡量某个产品是否算作人工智能，首先要看它所解决的问题是否是复杂问题，很显然，计算器不能算作人工智能。然后要了解它所实现的目标是否具有复杂性，如果只是让小车在一条直线上来回走动，就不能算作人工智能。接下来要看它的算法是否具备学习和进步的能力，只会执行人类命令的算法不能算真的智能。最后要感受它带给你的感觉，是否满足了你没有言说的需求，像触摸屏和指纹识别就无法带给你智能的感受。实际上，当你看到一个产品而大声惊呼"人工智能"时，它也就自动满足了全部四个原则。当然，人工智能所涵盖的内容远不止于此。在现有的人工智能学科中，还包含了人工智能所必备的基础学科、支撑学科、研究分支和下游应用。它们都可以称作广义上的人工智能，这里不再展开讨论。

我要为人工智能"正名"。现在很多人怀疑人工智能不是科学，我的答案是：人工智能是科学，而且很科学。我以对话的形式来阐述这一观点。

A："人工智能是人为创造的，不像物理生物是通过分析自然规律发现的，所以人工智能不是科学。"

B："人工智能的算法确实是人为创造的，但哪一项物理生物学的公式不是人为创造的？这些公式之所以被认为是科学的，是因为它们可以准确地预测结果，但任何公式都是在人们观测到大量数据后总结归纳出来的。实际上，没有任何公式是纯粹的真理，它们都是人为创造的。人工智能算法如果能很好地描述和预测现象，就跟物理生物学的公式是一样的。我们不能因为它不属于以往某个科学学科，就认为它不科学。"

A："人工智能只是用模型拟合数据，这不能算科学。"

B："用模型拟合数据就是科学。我们看看科学的起源就明白了。科学最早诞生于天文学领域，是人们用大量的观测数据取代了神话传说，然后用同心球、地心说、日心说等模型来拟合这些数据，最后由牛顿三定律进行归纳总结。这些模型之所以能被提出，就是因为可以拟合某些数据，之所以后来被推翻，就是因为不能拟合某些数据，我们不能因为这些模型不够完美就认为它们不科学。因此用模型拟合数据就是科学。"

A："人工智能输出的是概率，而且还在不断衍化，不像物理化学的公式那样确定，所以不是科学。"

B："量子力学输出的也是概率，开始人们也认为它不是科学。然而在微观领域，这是唯一可以准确描述现象的方法，属于科学里的工具主义，所以成为新的物理学分支，人工智能也是一样。"

A："人工智能属于计算机算法的分支，不能算一门科学。"

B："计算机刚被发明时也没有被归入科学体系，但随着计算机理论的发展，逐步产生了计算机科学。人工智能属于计算机算法，但有自己独特的理论体系，也会逐步从计算机学科中分离出来，独立成为一门科学。"

A："人工智能有很多工程调参的工作，不能算科学。"

B："调参确实具有工程性，但它不是人工智能的全部，更不是人工智能的本质。任何科学要应用到实际产品中，都要经历很多工程性的工作。当然，我不否认很多人实际在做人工智能里的工程部分，但不能因此否定整个人工智能学科。"

我之所以要回答人工智能是不是科学这个问题，就是希望做人工智能的学者和学生能够自信。我们所研究的就是科学，我们所研究的方法也很科学，我们要努力让人工智能成为一门新的科学，辅助其他科学领域更好地前行！

第 2 章
底层视觉是什么

"底层视觉是什么"这个问题与"人工智能是什么"同样难以回答，关键在于存在许多模糊的边界。定义要想不出错，就势必充满模糊性，而要想有区分度，就势必带来争议。为此，我先给出一个大致的定义，然后采用对比的方式对底层视觉做进一步的界定。

大致的定义是：底层视觉是以像素级的图像为输入、处理和输出单元的计算机视觉，它将图像从原始信号或某种观测状态转换成人们想要看到的样子，通常是清晰的自然图像。简单来讲，计算机视觉是研究如何让机器"看"的学科，那么底层视觉就是研究如何让机器"看清楚"的子学科。

底层视觉所包含的任务主要有图像和视频的去噪、去模糊、去压缩伪影、上色、超分辨率等，图 2-1 展示了几类经典的底层视觉任务，几类有代表性的底层视觉任务简介可见本章小贴士 1。这些任务之间也存在一些交叉和融合，例如去噪、去模糊和超分辨率（简称超分）可以同时进行，也可以合成一个任务。混合退化建模的相关知识可见本章小贴士 2。除此之外，还有一些处于模糊地带的任务，如图像风格化、图像生成等。

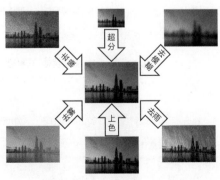

图 2-1　几类经典的底层视觉任务

但如果我们只是这样讲，就显得很学术，读者很难明白其中的道理。下面我们通过对比的方式更深入地探讨底层视觉到底是什么。

2.1　底层视觉与计算机视觉

按照语义的抽象程度，计算机视觉可以分为高层视觉、中层视觉和底层视觉。

高层视觉将输入图像变成高度抽象的向量，用以理解图像的语义内容，包括图像分类、物体检测、目标识别等任务。中层视觉将输入图像转换成中等抽象的图像，用以判断每个像素的属性，包括图像分割、深度图估计等任务。底层视觉将输入图像进行改造和升级，变成更好的图像。举例来说，识别图像里有一只猫是高层视觉，判断猫的头和身体的位置是中层视觉，让这只猫的细节看上去更清晰就是底层视觉。

由于高层视觉和中层视觉都是在提取图像的抽象语义信息，因此它们通常被统一称为高层视觉，研究如何让机器"看明白"。在我们的研究中，也往往只区分高层视觉和底层视觉。同时，由于高层视觉更接近视觉的本质，也更能表现机器的智能程度，因此很多人（或很多书）认为计算机视觉就是指高层视觉，实际上这是非常片面的。

除了底层视觉和高层视觉，还有一类特殊的计算机视觉任务，它不是对图像进行理解或转换，而是根据抽象的信息（如文字或噪声）生成具体的图像，这类任务叫作图像生成。它不是研究机器如何"看"，而是研究机器如何"想"，更具体地讲是如何"想象看到的内容"。这类任务在深度学习诞生后才蓬勃发展，并逐渐成为研究的主流和焦点。图 2-2 所示为计算机视觉任务分类。

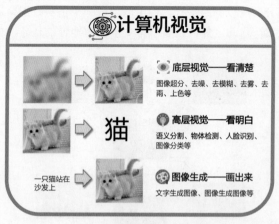

图 2-2　计算机视觉任务分类

2.2　底层视觉与人工智能

由于底层视觉关注的是具体的图像，人们往往忽略了它作为人工智能算法的基本属性。之所以把它提出来，就是要为底层视觉的研究者树立信心和目标。所谓信心，就是让研究者不要妄自菲薄，认为自己的研究没有那么重要；所谓目标，就是让研究者以提升算法的智能程度作为最高追求。

下面我们以"老电影复原"这个底层视觉任务为例，来看它是否符合人工智能的四个原则。

第一个原则，人工智能是可以解决复杂问题的算法。老电影复原是一个复杂的问题，它的复杂性源于"过程不可逆"和"解不唯一"。过程不可逆指老电影的形成过程非常复杂，其中存在大量的信息丢失，这些信息无法通过算法进行准确的恢复，也就是说，我们无法将老电影完美地逆变成原始的高清电影。由于过程不可逆，就要用各种算法对原始信息进行估计和生成，这样得到的结果是不唯一的，也具有持续提升的空间，这就是解不唯一。两个特点共同决定了老电影复原是一个复杂的问题，而解决这个复杂问题的算法，当然属于人工智能算法。

第二个原则，人工智能可以实现复杂的目标。老电影复原是一个复杂的目标，它包含多个子目标或子任务，如去噪、去模糊、去压缩伪影、超分辨率、插帧、上色、增强等。如此多的任务协同起来才能实现老电影复原这个复杂的目标。

第三个原则，人工智能具备从数据中学习的能力。老电影复原算法离不开数据的支撑。由于过程不可逆，我们无法只从老电影中恢复丢失的信息，因此需要大量的数据提供估计的依据。换句话说，模型只有见过高清电影的样子，才能复原高清电影。

第四个原则，人工智能要与人类主观意识互通。针对老电影复原，人类的主观意识就是想象的高清电影，或者说是真实场景的样子。例如我们将《开国大典》的影像进行复原，就是要让当时的场景重现，让领导人的面部更清晰，让天安门的色彩更鲜明，让增加的细节更真实，以符合我们对原始场景的认知。当我们将《开国大典》的复原影片在 8K 大屏上播放时，人们会感受到历史的重现，这就与人类主观意识产生了互通。

综上所述，老电影复原这个底层视觉任务符合人工智能的四个原则，因此是一个典型的人工智能算法。当然，不是所有的底层视觉任务都符合这四个原则，但它们都是实现复杂底层视觉任务的一部分，因此我们仍然认为它们是人工智能算法。

2.3　底层视觉与图像处理

很多人把底层视觉与图像处理混为一谈，的确，底层视觉与图像处理有许多相似之处，但它们的侧重点完全不同。

图像处理所涉及的范围非常广，包含几乎所有可以作用于图像上的工具性算法，图 2-3 展示了两类经典的图像处理算法，它们可以对图像进行特征提取、分布统计、频率变换等。早期的底层视觉算法采用图像处理工具，例如边缘提取算子、奈奎斯特采样、统计直方图、傅里叶变换等。进入深度学习时代后，底层视觉全面采用深度学习方法，只保留了一些基本的图像处理操作（如图像拼接和色彩空间转换），而将绝大部分计算放到网络模型中。由此可知，底层视觉关注的是任务，而图像处理关注的是工具。一个边缘提取算法是图像处理算法，却不能算作底层视觉算法。而底层视觉算法可以被归为广义的图像处理算法。

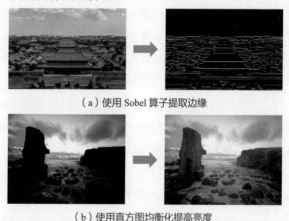

（a）使用 Sobel 算子提取边缘

（b）使用直方图均衡化提高亮度

图 2-3　两类经典的图像处理算法

由此可知，一本图像处理的教材与一本底层视觉的教材会有哪些不同。我们看到经典的图像处理教材会包含大量的工具性算法，是所有图像相关研究的基础；而底层视觉的教材会以任务为导向，讲述每个任务的定义、评价和方法。同时，这也是在告知读者，不要期待本书能帮你补全图像处理的基础知识，对于那些基本的图像处理操作还请阅读图像处理相关方面的教材。本书只关心与底层视觉任务相关的算法，这样才能把最多的篇幅留给最重要的部分。

通过这三个层面的对比，相信读者已经对底层视觉是什么有了基本的了解。总体来说，底层视觉是计算机视觉的重要分支，具备人工智能的基本属性，也是广义的图像处理算法，可以让机器"看得清"，让图像更美观、更符合我们的期待。接下来，我们也会通过各个章节的讲解，带读者进一步感受底层视觉的魅力。

小贴士 1 　几类有代表性的底层视觉任务简介

"分辨率"一词在不同领域中有不同的定义,例如在遥感领域中,分辨率通常被表示为"x m"。卫星成像中的"分辨率可达 0.8m"意味着地面上 0.8m × 0.8m 的区域在成像设备上被视为一个像素。

我们所讨论的图像分辨率通常用于描述图像所含像素点的总数,一幅分辨率是 H 像素 × W 像素的灰度图像可以转换为一个 H 行 W 列的矩阵,这 $H × W$ 个数字分别记录相应位置的像素值。我们常常看到的视频格式有 720P、1080P 和 2K,这些通常代表 1280 像素 × 720 像素、1920 像素 × 1080 像素,以及 2560 像素 × 1440 像素的画面分辨率(画面长宽比为 16 : 9),2K 视频比 720P 视频所含像素总数更多,因此人眼感知到的画面更为细腻清晰。

经典的图像超分辨率的目的是将低分辨率(Low-Resolution,LR)图像恢复成对应的高分辨率(High-Resolution,HR)图像,总体来说,HR 图像退化为 LR 图像的过程可以抽象表示为以下模型。

$$I_{\text{LR}} = D(I_{\text{HR}}) \tag{2.1}$$

其中,I_{LR} 和 I_{HR} 分别代表低分辨率图像和其对应的高分辨率图像,HR 图像退化得到 LR 图像的过程用下采样函数 D 抽象表达。在真实世界中,图像退化往往由各种各样的因素造成,我们无法完全掌握,因此具体退化过程通常是不可知的,即函数 D 的具体表达式无从知晓。

图像去噪要做的就是将看上去很"脏"的图像通过算法修复,得到一张"干净"的图像,这里的"脏"很大程度上是因为图像中掺杂着噪声。噪声会让原始图像被我们不想要的一些杂乱信息覆盖,导致内容和结构被破坏。图像噪声主要来自图像的获取、传输和保存过程。例如,在使用图像传感器采集图像的过程中,受传感器材料属性、工作环境、电子元器件等影响,会引入各种噪声。不同种类的噪声污染会呈现不同的效果,如图 2-4 所示。高斯噪声是一种加性噪声,均值和方差均与图像本身的信号水平无关;瑞利噪声是一种乘性噪声,信号与噪声绑定在一起,图像信号存在则噪声存在,图像信号不存在则噪声也消失;泊松噪声也与信号强度有关,通常可使用泊松过程建模;椒盐噪声的名字形象地展示了该类型噪声的特点,即噪声值只有纯黑色(像素值为最小值 0)与纯白色(像素值为最大值,通常为 1 或 255),通常由于图像信号噪声强干扰而产生。在数据仿真过程中根据噪声性质不同,建模方式也不同。类似高斯噪声的加性噪声可建模为 $I_{\text{N}} = I_{\text{C}} + N$,而类似瑞利噪声的乘

性噪声可建模为 $I_N = I_C \cdot N$，其中 I_C 与 N 为同大小的干净图像和不同类型的噪声，I_N 为噪声图，$I_C \cdot N$ 表示矩阵的逐元素（Element-wise）乘法。

（a）高斯噪声　　（b）瑞利噪声　　（c）泊松噪声　　（d）椒盐噪声　　（e）原始图像

图 2-4　图像被不同噪声污染后的效果

　　图像模糊通常由成像过程的物理限制或者人为不稳定因素引起，例如对焦不准、运动或抖动等。模糊图像通常可建模为干净图像与模糊核的卷积：$I_B = I_C \otimes B$，B 表示刻画模糊过程的模糊核，$\otimes$ 代表卷积操作，I_B 表示模糊图。通过设计不同的模糊核可以生成不同的模糊图像，如图 2-5 所示。

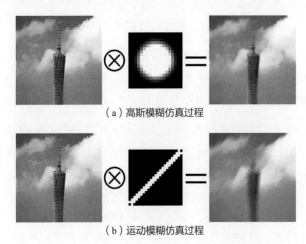

（a）高斯模糊仿真过程

（b）运动模糊仿真过程

图 2-5　设计不同的模糊核生成不同的模糊图像

　　可以看出，退化过程（下采样函数、噪声类型、模糊方式等）在底层视觉中占据了非常重要的地位，这也是区分各底层视觉任务的核心特征。如果底层视觉任务能知道图像的退化过程，那解决起来将简单许多。然而在真实场景中，实际的退化过程往往观测不到，我们只有退化后的低质量图像，这些低质量图像如同挖掘出来的文物，我们不知道它们的颜色和花纹磨损消失的过程，只能看到他们已经褪去颜色、残缺不全的样子。

小贴士 2　图像的混合退化建模的相关知识

　　我们知道深度学习方法作为数据驱动的技术需要大量的数据用来训练，更进一步地，在监督学习框架下，网络的训练还需要真实数据（Ground Truth，GT）作为标签。然而，我们能获得的数据要么是 HR 图像，要么是真实退化的 LR 图像，直接获得天然配对的 HR 图像与 LR 图像是十分困难的。

　　既然真实的图像退化函数 D 难以获取，我们就尝试用近似方案替代，于是研究者将复杂的退化过程分解成几个人们熟悉的退化类型。基于这样的想法，退化模型的式（2.1）可进一步建模为

$$I_{\mathrm{LR}} = D(I_{\mathrm{HR}}) = (I_{\mathrm{HR}} \otimes B)\downarrow_s + N \tag{2.2}$$

　　其中，$I_{\mathrm{HR}} \otimes B$ 表示 HR 图像与模糊核 B 进行卷积操作，用来描述图像的模糊过程；$\downarrow_s$ 代表图像的 s 倍下采样，即缩小图像分辨率的过程；N 是退化过程中遭遇的加性噪声。图 2-6 展示了这些退化过程。

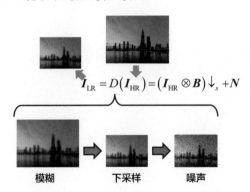

$$I_{\mathrm{LR}} = D(I_{\mathrm{HR}}) = (I_{\mathrm{HR}} \otimes B)\downarrow_s + N$$

模糊　　　　**下采样**　　　　**噪声**

图 2-6　图像混合退化过程

　　使用式（2.2）这个通用表示，我们可以仿真出不同类型和程度的退化图像。大部分研究通过这样的方式对真实的 HR 图像进行人为退化，从而仿真出大量的配对 LR 图像以供训练和验证。当然，这样的模拟退化与真实退化之间有一定差异。

　　为了更好地模拟真实场景下的复杂退化，Real-ESRGAN[1] 提出了高阶退化模型，即一张高质量图像在退化成低质量图像的过程中，会经过多次重复的经典退化模型。Real-ESRGAN 采用了二阶退化模型来模拟真实退化场景。如图 2-7 所示，一张高质量图像会依次经过不同的经典退化模型，并经过 sinc 滤波器（用来模拟振铃和过冲效应）得到最终的低质量图像。另外，每种特定的退化类型都包含不同参数组合模拟的子退化（模糊核大小、噪声类型、压缩强度等）。尽管退化类型的顺序

是固定的，但是由于每种退化下面有众多不同参数的子退化，因此将这些随机退化进行组合时，能够构建出一个范围非常大的退化空间，相比于简单的一阶退化更加贴近实际情况。

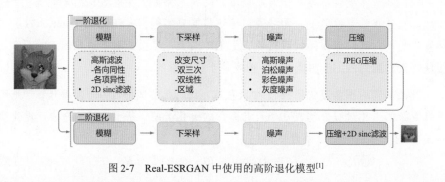

图 2-7　Real-ESRGAN 中使用的高阶退化模型[1]

第 3 章
从 0 到 1，从来都不简单

一件事物从 0 到 1，就像嫩芽破土，以微弱的身躯，抵抗巨大的压力，冲破大地的束缚，见到期待已久的天空。嫩芽虽小，却可长成参天大树。从 0 到 1，我们关注的不只是这棵脆弱的嫩芽，还有这片土壤，这颗种子，这股力量，以及这棵嫩芽的未来。从 0 到 1，冲破传统束缚，开辟崭新前路，从来都不简单！

首个超分辨率卷积神经网络[2]（Super-Resolution Convolutional Neural Network，SRCNN）就是这棵嫩芽，它看上去是那么简单，只有三个卷积层，可以说是最简单的深度学习网络。然而就是在这棵简单的嫩芽上，长出了深度学习底层视觉的大树，壮大而繁茂。想要了解这棵大树，就要从它的嫩芽开始，想要深入理解 SRCNN，就不能只看它的外表（结构），还要看它诞生的土壤（背景）、园丁（作者）、力量（合作）和未来（意义），这些才是 SRCNN 真正的核心要素。

3.1　图像超分辨率的发展历程

SRCNN 所解决的问题叫作图像超分辨率，简称超分。它旨在将低分辨率的小图复原成清晰的高分辨率大图，这是一个典型的病态求解问题。如图 3-1 所示，图像要放大 4 倍，就意味着要补充 4×4-1=15 倍的像素，保证填补像素后的复原图像准确美观是超分算法的主要任务。

2013 年，超分算法已经发展了 26 年，到了第三代，基础条件已经相当成熟。那么我们就来看看这三代超分算法是如何发展的。

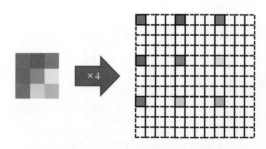

图 3-1　图像超分过程中需要填补新的像素

　　首先请思考一下，如果我们要向一张图里添加像素，应该遵循什么原则？最直接的想法就是新的像素应该与它相邻的像素在数值上接近或相关，而最简单的做法就是取周围像素点的平均值。这就是最初的插值算法，也就是通过临近像素计算新插入的像素值。我们可以利用周围的 4 个像素，也可以利用周围的 16 个像素，可以采用线性加权，也可以使用一个非线性函数，这就诞生了双线性（Bilinear）和双三次（Bicubic）插值算法。图 3-2 展示了待填补像素（黑色）通过周围的已知像素（彩色）使用两种插值算法得到预测值的示意图。

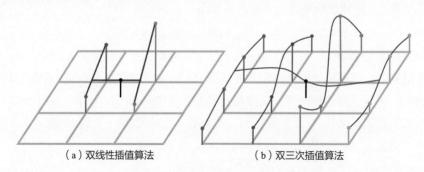

（a）双线性插值算法　　　　　　　　（b）双三次插值算法

图 3-2　双线性和双三次插值算法

　　这样的做法简单直接、计算速度快，适用于所有图像，问题是生成的图像过于平滑，缺乏纹理信息。这不难理解，因为边缘区域和平滑区域在梯度上差异很大，不应该用相同的方式插值。第一代算法都有很好的数学特性，这是因为它简化了问题，将图像退化成像素，因此其解决方案也更容易数学化。

　　但图像与像素毕竟不同，它有很强的语义信息，简单的像素组合并不能成为一张自然图像，我们应该利用图像本身的特点进行超分。这就诞生了第二代算法，用图像块替代像素进行计算。最简单的方法就是寻找相邻的图像块，然后进行平均。稍微复杂一点儿的，就是在更大的范围寻找内容相近的图像块，然后根据相似程度进行加权（Non-local Mean 算法）。这样做确实提升了图像质量，但对图像内部缺乏相似内容的情况就无能为力了，图 3-3 中展示了图中存在大量相似内容和图中缺乏相似内容的例子。为了找到更多相似图像块，人们开始寻找外在的数据，从新的图像库中找寻相似图像块。这也就诞生了最早的机器学习超分算法（参考文献[3]）。随后，如何寻找更好的图像库和更高效的优化方式就成了新的发展方向。

（a）图中存在大量相似内容　　　（b）图中缺乏相似内容

图 3-3　存在大量相似内容和缺乏相似内容的例子

这样看上去已经很好了，但图像块本身也有缺陷，直接将相似的图像块进行加权势必出现模糊的问题，而且拼接的像素很难产生新的语义信息。想要提升图像块的利用效果，就要提取它的高维特征（分解图），而非像素值。于是，研究者发明了基于字典的机器学习方法。

所谓字典，就是特征库。图像块的特征就是字典里的字，图像块就是句子，字典里的字可以组成句子，多个特征也可以组成图像块。同时，每个低分辨率的特征字典又会对应一个高分辨率字典，因此只要找到低分辨率的特征表示，就能对应到高分辨率特征，然后乘以相同的系数便可转换成高分辨率图像，整个过程如图 3-4 所示。

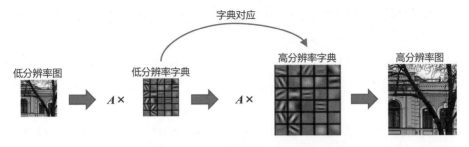

图 3-4　基于字典学习的图像超分，其中 A 为系数矩阵

这就实现了从句子到词，再从词到句子的转变。通过机器学习就可以学到这样的字典，从而大大提升了超分效果，输出的图像也越来越清晰。

第三代超分算法的代表是基于压缩感知（Compressive Sensing）的算法[4]，也称作稀疏编码（Sparse Coding）。压缩感知从 2006 年被提出开始就大受欢迎，可以与 2015 年左右的深度学习媲美。压缩感知解决的是经典的信号复原问题，它证明了在特定条件下，通过稀疏表示（Sparse Representation）的编解码器可以完美地复原原始信号。它在优化时用到了范数的概念，用 L1 范数来逼近 L0 范数的解，从而实现稀疏化，如图 3-5 所示，这里不再详细说明。

$$\boldsymbol{\alpha} = (\alpha_1, \alpha_2, \cdots, \alpha_n), \|\boldsymbol{\alpha}\|_0 \ll n$$

图 3-5　图像的稀疏编码示意图，$\|\cdot\|_0$ 为 L0 范数

压缩感知告诉我们，信号的稀疏表示而非完备表示更有助于压缩和复原。这使得大量信号处理相关的应用开始利用压缩感知解决问题，也提出了一系列更好的优化方法。压缩感知的华人学者陶哲轩也成为学术圈的名人和偶像。在超分领域最早引入压缩感知算法的是伊利诺伊大学厄巴纳-香槟分校的杨建超和黄煦涛（Thomas S.Huang），他们是华人的骄傲。黄煦涛还是整个计算机视觉领域的宗师级人物，如今赫赫有名的华人学者李飞飞、罗杰波、颜水成、马毅、陈长汶等都曾接受他的指导或与他共事，可惜他已经在 2020 年去世，后世学者当记住这个名字。

现在的学生不太了解这些传统算法，他们总有一种错觉，认为传统算法有很强的理论支撑，可解释性强，且泛化能力好，这完全是距离产生美的结果。就拿压缩感知算法举例，它原本的推导是很好的，具有数学之美，但它的约束条件也十分苛刻，现实应用几乎无法满足。超分就是一个例子，压缩感知被应用在字典的训练中，要求每个图像块都只能被字典里的少数几个元素表示，然后用这几个元素复原原始信号。实际上，图像空间无法满足压缩感知的限制条件，因此不能保证信号被完美复原，稀疏表示就失去了原本的意义。

之前的压缩感知用 L1 范数逼近 L0 范数来约束稀疏性，后来人们又发现，即便不用 L1 范数优化也可以得到不错的效果，甚至在优化得当的情况下，不用稀疏表示也能做得很好。这就是算法的衍化，漂亮的理论只是指明了一个前进的方向，而后期的发展完全不在预料当中。所谓的传统算法，也都是摸着石头过河，其理论支撑通常过于理想和脆弱，甚至很多时候是为了发表论文。但这也体现了科学和技术的迭代发展过程，和现在的深度学习如出一辙。

与此同时，传统算法的局限性也越来越明显。基于稀疏编码的算法虽然可以获得不错的效果，但也存在清晰的上限，它的字典大小和优化算法之间相互制约，字典过大就会优化不完善，而字典过小效果就不好，而且这样的字典难以学习大规模的数据集，算法的泛化性无法保障。同时，压缩感知相关理论对入门者有一定的数理要求，能参与开发的学者较少，算法迭代速度较慢。

因此，在这个时候，超分算法基本到达瓶颈期，如果没有新的理论出现，就很难出现大的突破。从这个背景中，我们可以总结出以下关键点。

（1）超分算法由数值计算到图像块匹配，再到稀疏编码，遵循了一条以解决问题为导向的路，由简单到复杂，门槛逐渐提高。

（2）超分算法基本沿着单一路径发展，没有发展出其他分支，如后期出现的视觉超分、盲超分、可调节超分等，传统算法能拓展的"花样"有限。

（3）超分算法进入机器学习阶段后无法保证复原信号的准确性，而传统算法并不会像想象中那样有严格的理论支撑，真正有用的往往还是工程技巧。

背景是否到这里就结束了呢？并没有，还有一部分很重要的内容需要讲。前面只讲了超分算法的发展历史，我们还需要关注深度学习的发展情况。

深度学习的前身是神经网络，早在 20 世纪七八十年代就开始发展，它与模拟退火、遗传算法等都是当时的新型优化算法。这些算法都在理论上模拟某种自然现象，例如神经信号传递或生物进化，因此具备相当的先进性。我在上大学时也接触过这些算法，它们只是概念新颖，解决实际问题的效果一般，而且很难优化，结果不稳定，因此没有成为主流算法。这时的神经网络最多只有 3 层，再深就优化不了了。

2006—2007 年，Geoffrey Hinton 等人提出了受限的玻尔兹曼机[5,6]，利用预训练的方式，可以训练更深的神经网络，这也是深度学习的雏形。尽管如此，神经网络被边缘化的命运一直没有改变。这里不得不提到 Hinton，他坚持研究神经网络将近三十年，都没有获得主流学术圈的认可，但他对人工智能的信念始终没有动摇，最终改变了世界，并获得了 2024 年诺贝尔物理学奖。他是一名纯粹又伟大的科学家，学人工智能的同学都应该去了解他的人生。

2012 年，Hinton 的团队用深度学习算法 AlexNet[7]赢得了 ImageNet 图像分类比赛的冠军，并且大幅度领先第二名，这才真正引起了世界的关注。这是深度学习第一次重要的发声，也开启了它用效果说话的先河。深度学习与传统算法之间的效果差异足以弥补它在理论上的不足。

实际上，并不是深度学习没有理论，而是支撑它的理论不应该是传统应对简单系统的还原论，而应该是现代应对复杂系统的整体论，而这项理论直到现在也没有被完善，所以深度学习一直背着没有理论的恶名，这个帽子总有一天会被摘掉。

从 2012 年开始，深度学习相关的论文才真正出现在计算机视觉的顶会上。也是在这个时候，我所在的香港中文大学多媒体实验室开始全面进军深度学习领域，这也是我的导师汤晓鸥老师做出的最重要的决定之一。当时国内的团队很少有人敢做这个方向，除了未来不明确，还需要用到大量的计算资源（高性能 GPU），这对做传统算法的研究者来说是不可想象的。

截至 2013 年，计算机视觉三大顶会上共发表了 27 篇深度学习相关论文，其中有 13 篇出自我所在的团队，这也充分体现了汤老师的远见卓识，同时奠定了我们团队未来 10 年的发展基础。

值得一提的是，这 27 篇论文都是针对高层视觉应用的（如人脸识别、图像分类、物体识别等），没有任何一篇讲底层视觉。当时的深度学习网络有一个特点：用卷积网络梯级化（逐渐降低特征图的分辨率并提升通道数）地提取图像特征，然后用全连接层输出最后的结果（计算机视觉中的卷积操作见本章小贴士 1）。

深度学习之所以有效，是因为卷积层可以提取高度抽象的特征。底层视觉却全然不同，它不是抽象特征输出向量，而是增加信息输出图像，这就使得梯级化的卷积层和全连接层都不再适用，两者的差异可以由图 3-6 表示出来。

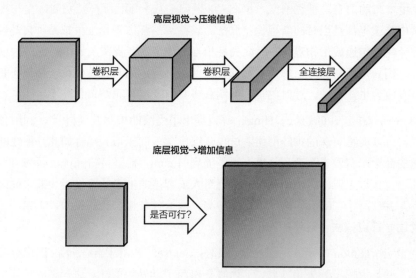

图 3-6　使用深度学习解决底层视觉问题与高层视觉问题的出发点不一致

那么底层视觉能不能用深度学习来做就是一个问题，如果能做，那也一定需要全新的理由，难道深度学习还有其他优势没有被发掘？

这就是当时的大背景，用深度学习做底层视觉会被打一个大大的问号，不是做得好不好的问题，而是能不能做的问题。传统算法已经接近瓶颈，必须有人实现突破。这就是当时的土壤：既有顶层的压力，又有下层的推动力，突破的时刻就要来临！

3.2 SRCNN 的诞生

虽说时势造英雄，但也不是每个人都能成为英雄，这需要一定的条件。同样，一片土壤里有许多种子，只有某些被园丁精心照料的种子才能破土而出，长成大树。SRCNN 的园丁就是它的几位作者，他们的共同努力才成就了从 0 到 1，因此有必要再介绍一下。这里不讲他们的虚名，那是给别人看的，我只讲自己了解的实在的部分。

首先是汤晓鸥老师，他的远见卓识前文已经讲过。他之所以能够预见未来，是因为他有很大的格局，可以透过表面看本质，并勇于做出决定。同时，他是一位谦谦君子，温和儒雅，风趣幽默，很为别人着想，注重合作共赢，因此可以广纳天下英才，成就大事。汤老师建立的香港中文大学多媒体实验室被称作计算机视觉领域的黄埔军校，可见培养了多少杰出人才。

2013 年，汤老师已经把绝大部分精力转移到深度学习上，购买了许多 GPU 和服务器，这在全中国都是极为少见的。他很支持我们将深度学习应用在各个领域，并且从不吝惜资源和耐心。也正是因为他提供了这样的大环境，我们才能有所作为。

然后是何恺明，他是我的师兄，也是汤老师最得意的弟子之一。如今他的谷歌学术引用量已经超过老师，我就不过多赞扬了。恺明并不是大家想象中的不可一世的天才，我了解的他也是一个普通人。但他在各方面的能力都很强，聪明、睿智、纯粹、精力过人、追求极致、文理双全，几乎没有短板，因此成就斐然。

2013 年，他在微软亚洲研究院，主要做底层视觉方面的研究，在此之前的暗通道去雾工作[8]获得了 2009 年 CVPR 的最佳论文奖，是一颗冉冉升起的新星。他也是在那时决定进入深度学习和高层视觉领域，将自己的成果和影响力进一步扩大的。

恺明是一个特立独行的人，他很少参与社交活动，从不把精力浪费在多余的事情上，而且对自己的研究工作要求极为苛刻，因此做他的学生压力会很大，但收获也很大。

吕建勤老师是 2013 年才加入实验室的，教我的时间最长，也是我最亲近的老师。他就像一位艺术家，有着天马行空的想法和令人难以超越的写作才能。他指导学生非常有耐心，在我犯错时也给予相当的包容和鼓励。无论我的实验结果如何，他总能从中找到改进的方向。吕老师的心态非常开放，可以接受各种新鲜的事物，并将其应用在科研中。同时，他对论文的要求很高，只要吕老师修改过的论文，我都很有信心。如今吕老师已经在南洋理工大学成立了比香港中文大学更大的团队，事业蒸蒸日上。

最后就是我了，从能力上讲，我远不及前面介绍的几位老师，但我也有自己独特的地方。我是一个自制力强且持之以恒的人，面对困难和挫折，可以勇敢地突破。我没有特别的长处，但综合实力很好，文理学科和哲学艺术都不错，这也使得我能够跟不同的老师学习，并能博采众长。我的基本功也很扎实，在进入香港中文大学之前，我以专业第一名的身份毕业，并拿到了港府奖学金。在博士一年级时，我开发过一款计算机视觉应用软件，这让我对很多高层视觉算法很熟悉，也锻炼了我的工程代码能力。

以上就是几位作者的大致情况，要想深入了解，可以去网上搜寻更多资料。但更好的方式还是通过我们的作品，这些作品才是我们智慧的结晶。

接下来就要谈谈我们在超分方面的合作了，到底是什么样的力量促使我们做出了SRCNN？

首先，我的本科毕业设计就是关于超分的，用的是杨建超等人提出的基于压缩感知的算法[4]。当时我对压缩感知有过比较深入的理论学习，并将超分算法应用在了雷达图像上。恺明当时也很想做超分，恰好我又有这样的经验，于是我们一拍即合，从复现杨建超等人的算法开始合作。

复现某一项前人的科研工作是创新的基础，每一个刚入门的同学都应该重视这项工作。当时恺明对算法复现的要求极高，需要我用 C++ 编写全部算法，且不能用任何现成的代码库（如 OpenCV）。这就使我必须自己写一个矩阵操作和图像处理的 C++ 库，并将速度优化到专业水平。这项工作持续了将近两个月，恺明帮我检查过每一行代码，并最终将速度优化到比原始的 MATLAB 代码还快，整个过程让我受益匪浅。

这里也提醒之后的学者，能够跟随一位有经验的老师或师兄非常重要。如果他能对你悉心指导，那么你一定要倍加珍惜，这比你自己摸索要快许多倍。而且，要想成为专业选手，就必须有专业的指导，否则会因为找不到方向而丧失信心。

打好基础只是开始，真正的挑战还在后面。要用深度学习做超分，就必须有一个起始点，如果没有前人的网络和经验，应该从哪里开始呢？

在深度学习领域，可以借鉴的网络主要来自高层视觉，它们的网络结构多是梯次下降的卷积层，并不适合超分。同时，要想输出图像，就必须舍弃全连接层，而用卷积层作为直接输出的全卷积网络是极少见的。有一个明显的证据，就是当时所用的深度学习训练平台叫作 Cuda-convnet，其中的卷积核数目只能设置为 16 的倍数，也就是说，该平台从来没有考虑过使用 1 个卷积核的情况。为了实现使用 1 个卷积核输出，我只能在 16 个卷积核后加入全连接层，再强制让 15 个卷积核失效，以这样的方式进行训练，训好后再把第 1 个卷积核的参数抽离出来，重新组织网络。这些工程上的问题倒还在其次，主要的问题是如何设计和训练网络。

这里的难点在于，需要探索的领域实在太大了，每个要素都会带来意想不到的问题。首先，如果想输出图像就要将均方误差（Mean Square Error，MSE）作为损失函数，它计算的是所有像素差异的总和（当时还不是均值）。这个损失函数的数值会受到很多因素的影响，例如训练时的图像块大小。当时高层视觉常用的是 256 像素×256 像素的图像，如果对每个像素都计算差异，损失函数的数值就会非常大，训练很容易崩溃。想象一下，损失函数每增加一个数量级，学习率就要相应减小一个数量级。当损失函数很大时，有效的学习率可能在 $10^{-7} \sim 10^{-6}$，这个范围如果没有人告诉你，那么是很难试出来的。

同时，由于当时没有残差学习或梯度剪裁这样的策略，每层的学习率和初始化参数都要精心调节，否则很容易不收敛。除此之外，网络的层数、通道数、滤波器大小、激活函数等都是未知的，哪个错了都会导致失败。当很多因素不确定时，就会有一个非常大的试错空间，想要碰巧试出合适的策略，几乎是不可能的。更重要的是，我们还在不断借鉴高层视觉里的参数设置和经验，而后来的结果证明，这些经验多数起到了反作用，必须采取不同的策略才可能成功。

前几个月的探索是十分煎熬的，我们几乎看不到任何希望。

如果有人告诉你，这个算法一定能成，已经有人做出来了，你就会获得信心，并坚持到底。就像第一次有人在百米赛跑中冲进 10 秒后，就会不断有人实现这个目标。而在此之前，人们都认为这是不可能的。前面无数的失败都在告诉你这件事成不了，而周围的人也在说深度学习也许不适合底层视觉。

这时最大的考验不是实验，而是信念，信念才是从 0 到 1 的关键。

在实验进行了 5 个月后，我们始终没有得到好的结果，不仅错过了 11 月的 CVPR[①]，恺明也因为某些原因临时离开了。

接下来的两个月非常难熬，坚持还是换方向是个严峻的问题。这是考验一个人意志的时刻，我很感激吕建勤老师在当时给我的支持和鼓励，让我能够将信念坚持到底。我相信深度学习的潜力，也认为卷积网络既然可以实现特征变换，就一定能够保留并增加信息。

真正的突破还是源自我在传统算法上的积累。既然网络难以收敛，那就想办法用稀疏编码训练出的字典对卷积层进行初始化，将所有的参数按照超分算法的方式进行

[①] CVPR 的全称是 IEEE Conference on Computer Vision and Pattern Recognition，即 IEEE 计算机视觉与模式识别会议。

设置，彻底摆脱高层视觉的限制。例如，将输入图像大小设为 21 像素×21 像素，而不是 256 像素×256 像素，通道数是 64 而不是 512，训练数据是 91 张图像而不是 ImageNet[9]。同时，我将第一层和最后一层的参数固定，将中间一层设置成最小的 1×1 网络，让训练难度降到最低，这也是吕老师跟我一起讨论出的结果。这样调整后，我们终于训练出了第一个超越插值算法的版本，也初步验证了深度学习可以做超分。这让我们坚定了信念，是最重要的事情。

接下来的两个月，我们不断调整学习策略，探索参数空间，并逐步放宽限制条件，终于在没有传统算法初始化的情况下，让深度学习超越了传统算法。接下来的论文写作主要是吕老师和恺明的功劳。

我们将方法命名为超分卷积神经网络（Super-Resolution Convolutional Neural Network，SRCNN），并成功将其发表在 ECCV[①] 2014 上，图 3-7 展示了 ECCV 版本的完整标题和作者信息。值得一提的是，SRCNN 的论文经过了很多轮的迭代，字斟句酌，以防出错，因此即便十年后看来，仍然十分经典。当时恺明就说，他认为这不是一篇普通的顶会论文，而是一项奠基性的工作，因此一定要谨慎对待，这也充分体现了他的远见。

Learning a Deep Convolutional Network
for Image Super-Resolution

Chao Dong[1], Chen Change Loy[1], Kaiming He[2], and Xiaoou Tang[1]

[1] Department of Information Engineering,
The Chinese University of Hong Kong, China
[2] Microsoft Research Asia, Beijing, China

图 3-7 由董超、吕建勤、何恺明、汤晓鸥撰写的论文《学习一个用于图像超分辨率的深度卷积网络》在 ECCV 2014 上发表

其实，两位老师的贡献非常大，包括汤老师的支持和鼓励，这里不再详细说明。总之，这是一个很经典的从 0 到 1 的成功案例，也希望它能启发后继学者，坚持信念，直到成功。

3.3 解构 SRCNN

SRCNN 到底长什么样呢？它是一个如图 3-8 所示的 3 层全卷积网络，输入和输出是相同大小的图像。如果要超分一张图像，就要先用插值算法将其放大到需要的尺

---

① ECCV 的全称是 European Conference on Computer Vision，即欧洲计算机视觉会议。

寸，再输入网络，经过推理，就可以得到输出图像。

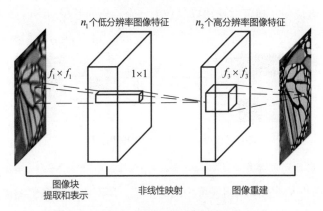

图 3-8　SRCNN 的网络结构[2]

具体的网络实现可以参考后续的讲解（见本章小贴士 2），这里不再过多谈论技术细节，而是重点分析它的特点，解读它美在哪里。

简洁干净就是 SRCNN 最大的特点。SRCNN 是最简单的深度学习网络，没有任何花哨的技巧，就是最直接的卷积网络。这么简单的网络看上去真的没什么，但这就是它要追求的效果。

首先，相对传统算法，它大大减少了人为干预的运算步骤，取消了所有迭代流程，去除了外加参数设置，让一个刚入学的本科生也可以看懂，大大降低了算法门槛。

其次，科学方法的简洁性体现的正是事物的本质。想想牛顿力学方程、爱因斯坦质能转换方程、麦克斯韦方程等都是极为简洁的公式。正是因为简洁，才说明它抓住了事物最本质的规律。恺明提出的 Dark Channel[8]、Guided Filter[10]、ResNet[11]、MAE[12] 等，无一不是简洁明了的算法，但都获得了巨大的成功。

最后，由于没有太多的假设和限制，简洁的算法具有更广泛的普适性，可以在各种情况下使用。因此，SRCNN 不仅被使用在超分领域，更是被广泛应用在其他底层视觉技术中，甚至可以作为许多高层视觉的预处理模块。

这就是简洁之美，是自然和本质之美，也是科学家毕生追求的极致之美。

SRCNN 不仅是一个卷积网络，更是连接传统算法与深度学习算法的桥梁。它从理论上证明了深度学习算法可以超越传统算法，奠定了深度超分算法的基础。那么我们分析一下，这个简单的 3 层网络为什么能够超越传统算法。

首先，我们将 SRCNN 网络设置为一层，只剩下一个滤波器，这时输入图像经过一个卷积操作就可以得到输出图像。你会发现，这个过程就是第一代插值算法。如果我们将 Bicubic 算法的结果作为训练数据，那么这个滤波器就可以完美地学习到 Bicubic 插值。这说明，插值算法可以等效为一个一层的卷积网络（如图 3-9 所示）。

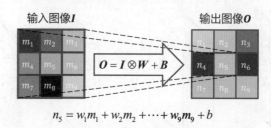

$$n_5 = w_1 m_1 + w_2 m_2 + \cdots + w_9 m_9 + b$$

图 3-9　一层卷积可以看作使用周围多个邻近像素进行插值，W 为卷积核，$\otimes$ 为卷积操作

然后，我们将 SRCNN 网络设置为两层，第一层网络提取多组图像特征，第二层网络将其融合成一张输出图像。这个过程其实就是第二代的图像块匹配算法。第一层网络的不同滤波器就是不同的图像块，它们的运算结果就是两者的相关性。第二层网络利用相关性进行加权平均，最终得到输出图像。如果我们用两层网络进行实验，就可以得到与第二代算法几乎一致的结果。从另一个角度讲，第二代算法先将图像投影到高维特征空间，再从高维空间投影回图像空间，实现的是两次映射，等效于两层卷积网络（如图 3-10 所示）。

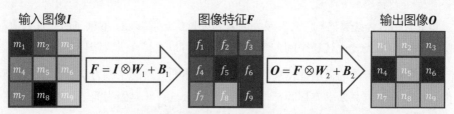

图 3-10　两层卷积可以看作提取图像特征后加权平均再输出

最后，我们将 SRCNN 网络设置为 3 层，这就是三次映射关系。回顾第三代的稀疏编码算法，你会发现，它先将低分辨率图像映射到低分辨率字典空间，再由低分辨率字典空间映射到高分辨率字典空间，最后映射回图像空间，这恰好是三次映射，可以等效为一个 3 层卷积网络（如图 3-11 所示）。

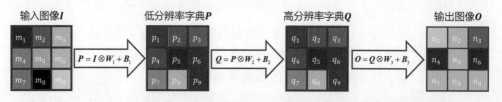

图 3-11　3 层卷积可以看作低分辨图像→低分辨率字典→高分辨率字典→高分辨率图像的映射

如果我们将第一层和第三层卷积网络分别用低分辨率和高分辨率字典进行初始化，就会得到非常接近的效果。同时，深度学习可以将三个卷积层联合优化，减少了不同步骤间的转换误差，提升了优化效率，因此可以超越传统算法。

SRCNN 将前面三代传统算法融合为一体，并给出了新一代算法的雏形，这就是它的理论之美。

SRCNN 的所有细节都是经过精心打磨的。例如参数，SRCNN 的网络结构用的都是 2 的幂次方，而训练参数用的都是 10 的幂次方。一般来说，训练参数的设置可以随意一些，为了让网络训练得最好，我们一般会选取经验性的数值。在 SRCNN 的初稿中，训练参数也会出现 2×10^{-4} 或 4×10^{-5} 这样的数值，但两位老师坚持要把这些数值都换成最自然的 1×10^{-n}，不能有任何人为的痕迹，这样才能体现网络的天然特性。为此，我需要将所有实验重做，并在最自然的参数条件下将效果调至最优。

这样的要求在学术圈是很少听闻的，但这就是对科学之美的极致追求。

另外，SRCNN 论文的写作也经过多轮修改，它的最终版本与最初投稿的版本几乎是两篇论文，连名称也发生了变化。开始的 SRCNN 是 Sparse Rectified Convolutional Neural Networks 的缩写，当时我们认为稀疏表示是网络成功的要素。但经过讨论，我们认为稀疏表示也许在未来会被颠覆，那时这个题目就会引起误解。同时，为了让网络更具有通用性，我们将它的名称改为 Super Resolution Convolutional Neural Networks。后来证明，这个改动是非常明智的。实际上，我们当时完成的实验量远不止论文里展示的那些，但为了突出本质，我们将所有跟主旨无关的探索都从文中删除了，留给后来人去做，这使得 SRCNN 的论文简洁流畅。

SRCNN 的引用量（会议+期刊）确实超出了我们的想象，目前已经超过 16000 次。虽然我们认为这可能是一项奠基性的工作，但从没想到它会有这样的影响力。这主要得益于深度学习的快速发展使得整个领域变得非常庞大，这在当年是难以想象的。SRCNN 刚发表时并没有引起特别的关注，只有首尔大学、帝国理工学院、伊利诺伊大学厄巴纳-香槟分校和苏黎世联邦理工学院的几个团队在跟，而他们的早期工作也纷纷在后来成为引领性的工作，例如 EDSR[13] 和 SRGAN[14]。直到我博士毕业时，SRCNN 的引用量才超过 1000 次，我在毕业之前并没有感觉到它有多重要。

这意味着，我们很难真正预测未来。我们无法知道我们所做的事情到底会产生什么样的影响，因为我们不知道世界会怎样变化。直到现在，我已经发表过几十篇论文，但对论文能否被录用的预测准确率，与当年几乎没有任何改变。

可以肯定地说，我们无法预测未来，但我们可以创造未来。

SRCNN 的后续工作非常多，出现了许多全新的算法分支（如面向视觉质量的超分），也催生了新的评价体系和国际竞赛，这里就不一一列举了，我们可以从任何一篇深度学习超分综述中看到这些成果。总而言之，SRCNN 是一次成功的从 0 到 1 的尝试，它打破了传统算法的束缚，改变了深度学习不适用于底层视觉的观念，开启了深度底层视觉的时代。

我讲这些，不是夸耀什么，毕竟那些历史早就没有人再关注。希望这些故事能够启发一些后来的学者，告诉大家从 0 到 1 到底是如何实现的。从 0 到 1 从来都不简单，但完全可以做到；也正是因为不简单，它才变得更有意义！

 小贴士 1　计算机视觉中的卷积操作

CNN 带有很强的归纳偏置——局部性及平移等变性，非常适合处理图像数据，所以在很长一段时间内统治了计算机视觉领域，成为网络设计中必不可少的核心骨架。

CNN 具有局部性是因为卷积神经网络是基于卷积核操作的，而卷积核远远小于输入图像的大小。对于一个像素来说，CNN 只关注它与卷积核内像素的交互，而不关注它与其他较远像素的交互。这种限制为 CNN 减少了很多计算量，提高了计算效率。平移等变性指的是卷积的功能不会因为位置的平移而变化，无论待检测目标在图像中的哪个位置，提取的都是同样的特征。这意味着网络中的卷积核参数可以共享，只需要一套卷积核就能完成全图的特征计算。

卷积核可以看作一个用以提取特征的模板，滑动遍历整张图像提取到什么样的特征只与卷积核本身有关，而与图像内容无关。如图 3-12 所示，无论图像内容是什么，大小为 3×3 的 Sobel 卷积核都只提取垂直方向的边缘。

总的来说，每个卷积核实现的功能只和卷积核自身的构造有关，与图像内容无关，关注的区域也只受卷积核大小影响。另外，无论一个特征出现在图像中的什么位置，这个特征都能够被扫过的卷积核识别出来。

在技术发展的初期，提取图像边缘这类简单功能的卷积核的设计工作可以由人类主导。早期很多经典算法都是人为设计各种各样的滤波器（卷积核）来处理各类任务，例如双边滤波去噪可以保留边缘信息，中值滤波消除椒盐噪声等，这类方法的效果好坏往往取决于滤波器能否精准提取特征。但是随着时代的发展，我们想要提取更加高阶、更加复杂的特征，例如构成万千图像的基本纹理或者抽象语义，仅靠人类认知来设计卷积核的参数已经不可能了。

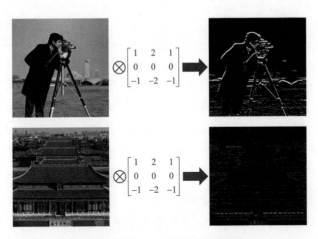

图 3-12　使用 Sobel 算子提取图像边缘

　　而基于数据驱动的深度网络能够从大量数据中自主学习抽象特征,图 3-13 展示了在处理一张汽车图像时,低层的卷积核倾向于提取一些基础的方向性特征和色彩组合信息,中层卷积核则能提取环状、条纹状和网格状纹理,高层的卷积核则能提取图像中的车轮、车窗等关键部件。

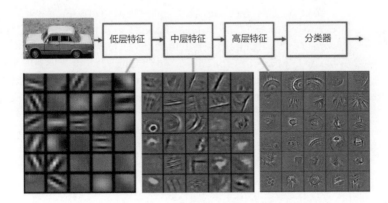

图 3-13　图像经过 CNN 网络不同层时可视化出来的特征图

　　在 CNN 中,卷积层通常不止一层,这使得提取到的特征可以由浅入深地通过层层卷积变得越来越抽象,辅以网络中非线性函数的激活,CNN 便可以跳出人类思维模式自适应地学习出网络自身需要的卷积核,也就拥有了强大的表征能力和拟合能力。

小贴士2 SRCNN 的结构与复现

SRCNN 被提出时，深度学习还在刚刚起步的阶段，没有形成规模，也就没有成熟的代码库和社区环境，训练网络时，几乎所有步骤都要自己完成，学习门槛非常高。而如今的深度学习有了许多便捷的代码库和工具箱，门槛大大降低。针对底层视觉领域，我们团队提出的 BasicSR 因为良好的扩展性和易用性受到了广泛关注。数据集的生成与准备、网络结构的构建、算法训练和优化器、损失函数的设计和其他常用工具都包含在其中，后续学者可以非常方便地使用，能够快速上手。

如今，在各种编程语言和开源框架的帮助下，实现 SRCNN 不再复杂，对于想入门的研究者非常友好。SRCNN 的网络结构如图 3-8 所示，中间过程简单直接，只含有数个卷积操作。

下面展示的是在 PyTorch 框架下实现 SRCNN 的主要代码，这十几行代码便可以概括其整体结构。

```
1   class SRCNN(nn.Module):
2       def __init__(self):         %定义卷积层
3           super().__init__()
4           self.patch_extraction = nn.Conv2d(in_channels=3, out_channels=64, kernel_size=9, stride=1, padding=4)%对应图像块提取和表示
5           self.non_linear = nn.Conv2d(in_channels=64, out_channels=32, kernel_size=1, stride=1, padding=0)         %对应非线性映射
6           self.reconstruction = nn.Conv2d(in_channels=32, out_channels=3, kernel_size=5, stride=1, padding=2)         %对应图像重建
7       def forward(self, input):   %前向传播
8           feature_1 = F.relu(self.patch_extraction(input))
9           feature_2 = F.relu(self.non_linear(feature_1))
10          output = F.sigmoid(self.reconstruction(feature_2))
11      return output
```

作为一个端到端的方法，使用时只需输入一张低分辨率图像，在网络前向传播过程中无须求解任何最优化问题，只需按照网络流程计算，便可以获得超分过后的高分辨率图像。

简单几个卷积层就使 SRCNN 超越了之前的所有方法，取得了当时最先进的性能，这体现了 CNN 远超传统方法的强大特征提取能力。因此，SRCNN 问世后引起了广大研究者的注意，超分世界进入了深度学习时代。

后续大量的研究者不断开源封装好的代码库，例如注意力机制和 Transformer 的网络模块，数据预处理和算法加速等工程实现也不再困难。同时，对于深度学习方法十分重要的数据集也被不断改进，推动着超分领域的发展。当时的 SRCNN 只使用了 91 张图像作为训练数据，如今的训练数据在数量和质量上有了巨大的进步，例如大名鼎鼎的 ImageNet、NTIRE 比赛中提出的 DIV2K[15]、Flickr2K[16]等数据集，我们团队开源的图像视频修复工具箱 BasicSR 更是整合了大量实用代码和数据集供广大研究者使用。底层视觉领域中的深度学习技术在这样的环境下不断蓬勃发展。

第 4 章
从 1 到 N 的发展规律

从 0 到 1，嫩芽破土，在见到天空的那一刻，它长舒一口气。可迎接它的不是掌声，而是风声雨声质疑声，让它恐惧和战栗，不知能否顺利地活下来。也许它有一个成为大树的梦想，但没有人可以给它保障。不过，这也只是杞人忧天，生命不需要保障，只需要绽放！一颗蠢蠢欲动的心，让它义无反顾地生长，哪管天雷地火、鸟叫虫鸣。每过一段时间，它就会展开新的分支，向左走还是向右走，没有刻意的安排，只是因为那风、那水，与那时的偶然。外面的一切看上去静悄悄的，里面却热闹非凡。终于，它成长到了人们能够注意到的高度，它开始绽放出美丽的花朵，它开始吸引蜜蜂采蜜、蝴蝶飞舞。越来越多的人闻香而来，闻名而至，惊奇声、赞叹声、赞美声，不绝于耳。一阵迟来的掌声送给了种子，虽然不是在它最需要的时候。这就是从 1 到 N 的故事，这也是深度底层视觉的发展历史。

我试图从中找到从 1 到 N 的发展规律，从大树的外表和内部进行探索，但终究徒劳。从 1 到 N 看上去有规律，实际上无法预料。我们看到的规律是当它长成后，重新回溯出来的成长脉络，而这个脉络充满了偶然性和戏剧性，我们无法通过它判断每根枝丫是到了终点，还是会继续分叉。但我无法抑制自己想要找寻规律的冲动，因为每棵大树都有着相似的形状和雷同的成长经历，这点很难说是巧合。用科学的语言来讲，就是植物生长的自相似性与自组织带来的结构性。这种局部（个体）行为充满随机性，而整体（群体）行为呈现规律性的现象，就是复杂系统论所要研究的内容。这样的现象清清楚楚地出现在了人工智能的发展过程中，也出现在它的每个子领域和每个发展阶段里，就像自相似性一样，以大可见小，以小可知大。同样，从回溯超分（底层视觉的子任务）从 1 到 N 的发展历史中，也可以瞥见整个人工智能的发展脉络。这样的脉络可以让我们在某种程度上看到未来,尽管无法准确预测,但至少不会因为某些临时现象而大惊小怪、惊慌失措。同时,也只有在回溯历史时,才能淘去那些显耀一时的枝叶和哗众取宠的噪声,保留真正有发展前景的主干,让我们了解事物发展的规律,减轻记忆的负担。下面就让我带大家走过我记忆中的这段片面的历史吧。

4.1 传统算法奋起直追

在 2016 年之前,还没有多少人相信深度学习能够取代传统算法。那时的深度学习只是众多新算法中的一员,也许风光一时,很可能被新的算法取代。那时的传统算法也不叫传统算法,而是各有其名,只有当深度学习成为主流时,才能将其余算法都归于传统算法。而这个说法一旦被接受,就意味着过去的一切都成为传统,而传统必将被取代。必须承认的是,传统算法根深叶茂,很难真正被取代,只是"迫于形势"与深度学习进行了"联姻",变成了新的模样。

2014 年,SRCNN 刚刚被提出,并没有引起什么轰动,在瑞士开会时,它只是众多算法中的一个。实际上,在那之后不久的 ACCV[1]2014 上,传统算法 A+[17]就迎头赶上,超越了 SRCNN。

A+是苏黎世联邦理工学院 Radu Timofte 和 Luc Van Gool 团队的作品(见图 4-1),他们在 2013 年就提出了在性能和速度上都超越稀疏编码算法的 ANR[18]。其实 ANR也是稀疏编码算法的变体,只是几乎舍弃了稀疏性,而 A+更是让 ANR 的效率上升了一个台阶。

A+: Adjusted Anchored Neighborhood Regression for Fast Super-Resolution

Radu Timofte[1]([⊠]), Vincent De Smet[2], and Luc Van Gool[1,2]

[1] CVL, D-ITET, ETH Zürich, Zürich, Switzerland
{radu.timofte,vangool}@vision.ee.ethz.ch
[2] VISICS, ESAT/PSI, KU Leuven, Leuven, Belgium
vincent.desmet@esat.kuleuven.be

图 4-1 Radu Timofte 和 Luc Van Gool 提出的算法 A+依旧采取了利用相邻区域信息的传统思路

---

① ACCV 的全称是 Asian Conference on Computer Vision,即亚洲计算机视觉会议。

在这种情况下，我们无法判断传统算法和深度学习算法哪一个先到达瓶颈。为了超越 A+，我们不得不加宽加深 SRCNN 的初始结构，使原本简洁优美的 SRCNN 开始变得有些臃肿。但这并没有阻止传统算法的步伐，Radu Timofte 团队在 CVPR 2016 上提出了 7 种可以提升 A+的技巧，包括改进数据、字典、优化方法等，使得新算法 IA[19] 大幅度超越了新的 SRCNN，IA 在不同测试数据集上的不同超分倍率（×2、×3 和×4）实验的性能全面超越了 SRCNN 在内的超分算法，领先 SRCNN 1dB 左右，这已经是非常大的优势了。

香港理工大学的顾舒航和张磊团队在 ICCV 2015 上提出了改进版的卷积稀疏编码算法 CSC[20]，将之前的分离的步骤统一成了卷积操作，靠着漂亮的数学公式，同样取得了超过 SRCNN 的效果。

在 2015 年的 CVPR 上，Samuel Schulter 团队又提出了用随机森林解决超分问题的新方案 RFL[21]，获得了优异的性能。如图 4-2 所示，RFL、变种 RFL+和 ARFL+能在较短的运行时间内得到较高的 PSNR 值，这是继稀疏编码后出现的又一全新的解决思路。由于随机森林从理论上就比稀疏编码更快，因此可能成为代替稀疏编码的新方向。

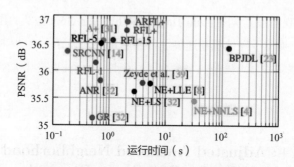

图 4-2　各方法的运行时间与性能的关系[21]

可以说，传统算法的发展非常迅速，对刚刚出生的 SRCNN 围追堵截，让深度超分举步维艰。值得庆幸的是，我们并不孤单。已经有人注意到 SRCNN，并进行了早期的探索。

4.2　传统算法与深度学习算法协同发展

伊利诺伊大学厄巴纳-香槟分校的黄煦涛团队在 ICCV 2015 上提出了第二篇深度超分论文 SCN[22]，它进一步拓展了 SRCNN 的理论，用深度网络完美地匹配了稀疏编码算法里的所有模块，并经过联合优化实现了超过 SRCNN 的效果。如图 4-3 所示，

SCN 的不同参数量版本都要好于 SRCNN（S、M、L 表示不同参数量）。

这篇论文的第二作者刘鼎是香港中文大学的校友，我们在开会见面时聊到了超分的未来，他认为要促进深度学习与传统算法的结合，充分发挥两者的力量。的确，SCN 是融合深度学习算法和传统算法的典范，也催生了不少相关融合算法。

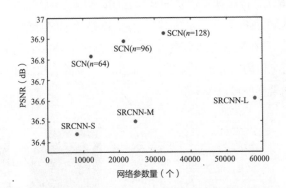

图 4-3　SCN 与 SRCNN 的参数量与性能的比较[22]

例如，在 CVPR 2017 上，哈尔滨工业大学的张凯和左旺孟团队利用最大后验概率估计（Maximum A Posteriori，MAP）解构深度学习框架，将卷积网络当成先验知识（Denoising Prior），并开发出理论和性能俱佳的图像复原算法[23]。其核心思想就是使用神经网络拟合一个求解最优化模型的过程，如图 4-4 所示，这个最优化模型中已知参数 μ、λ 和 X_{k+1}，但是迭代求解公式中依然存在未知的正则项 $\phi(Z)$，这导致无法使用传统的显式算法求解。可以考虑使用神经网络绕开正则项的限制来近似求解，神经网络将 μ、λ 和 X_{k+1} 作为输入，输出近似解 Z_{k+1}。

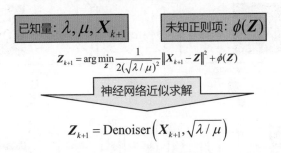

图 4-4　直接使用训练好的神经网络预测最优化模型的解

传统算法在数学推导上的可靠性使得许多遥感和医学图像处理采用了深度学习和传统算法结合的方式。例如西安交通大学的孟德宇团队和中国科学院的王珊珊团队，他们将各自领域的先验信息融合进深度学习算法[24,25]，提高了预测的准确性。

4.3 深度学习算法持续进化

除了共存的趋势, 纯粹的深度学习超分算法也在逐步发展, 并集中体现在 2016 年。这一年出现了几篇很重要的论文。

在 CVPR 2016 上, 帝国理工学院的施闻哲团队提出了利用子像素 (Sub-pixel) 卷积进行上采样的网络 ESPCN[26]。如图 4-5 所示, 网络前期的隐藏层传播时, 特征的空间分辨率为 $H \times W$, 只在最后将通道变为 r^2, 对 $H \times W \times r^2$ 的特征进行重排, 最终得到 $(rH) \times (rW)$, 即超分 r 倍的高分辨率输出。如此将大部分的卷积操作放到小尺度的图像上, 只在网络末端采样便可以节省算力。

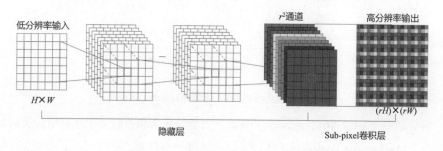

图 4-5　Sub-pixel 卷积也被称为 PixelShuffle, 被广泛用于上采样[26]

我们团队在 ECCV 2016 上提出了用反卷积层进行上采样的网络 FSRCNN[27]。不同于 SRCNN 在网络一开始就插值到目标分辨率, FSRCNN 无须预处理, 直到最后才反卷积上采样 (见图 4-6), 将 SRCNN 加速了近 40 倍, 并同步提升了性能。

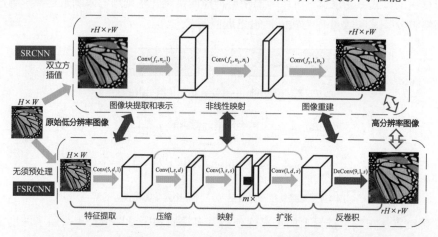

图 4-6　FSRCNN 在网络最后上采样, 节省了卷积的运算量, Conv(a,b,c) 表示卷积, a 为卷积核大小, b 表示卷积核个数, c 表示通道数, DeConv(a,b,c) 则表示反卷积[27]

这两项工作的思路相近，而且子像素卷积和反卷积层在理论上是可以完全等价的。实际上，FSRCNN 最开始是在 CVPR 2016 上投稿的，可惜没有被接收，所以它们属于完全同期的工作。

也是在 CVPR 2016 上，首尔大学的 Kyoung Mu Lee 团队提出了加深版的深度超分网络 VDSR[28]。如图 4-7 所示，VDSR 直接采用 20 层卷积，并且使用了跳跃连接的结构，获得了极大的效果提升。

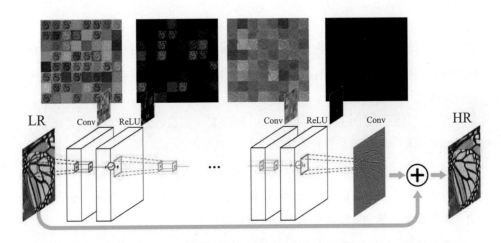

图 4-7　VDSR 通过增加网络层数提高性能[28]

4.4　深度学习算法脱颖而出

从 2014 年到 2016 年，我们看到深度学习算法和传统算法既相互竞争，又互通有无。这一切真正发生质的变化，是在 2017 年有了国际超分比赛后。2017 年，苏黎世联邦理工学院的 Radu Timofte 和 Luc Van Gool 团队在 CVPR 2017 上发起了首次国际图像复原大赛 NTIRE[15]，并将超分作为主要赛道。

这次比赛吸引了国际上知名的几乎所有超分团队，包括首尔大学、香港中文大学、伊利诺伊大学厄巴纳-香槟分校、香港理工大学、哈尔滨工业大学等。最终胜出的是首尔大学的 Kyoung Mu Lee 团队，他们拓展了之前的 VDSR 工作，提出了更深更大的网络 EDSR[13]。我们团队排在第二名。

值得一提的是，前 6 名的队伍全部采用深度学习算法，并且效果大幅领先传统算法，这让深度学习大放异彩。

为什么会出现这样的差异呢？在这次比赛之前，大家都很重视传统的实验设定，要在尽量相同的数据集和相近的算法复杂度下进行对比，但这样一来，深度学习算法就很难与传统算法拉开差距。而比赛打破了这一限制，可以使用大规模数据，并且没有复杂度限制，可以充分发挥深度学习强大的可拓展性。传统算法难以持续扩大规模，因此对数据的拟合能力有限，而深度学习可以在算力允许的情况下"无限"扩大，这使得它的性能可以持续提升。两者相较，高下立判，这场深度学习与传统算法之争也终于有了结果。

2017 年后，深度学习算法完全占据了底层视觉的主流，而传统算法作为辅助，也经常被融合进网络，并为深度学习算法提供保障。这个过程与当年深度学习在高层视觉中突出重围如出一辙：AlexNet 在 2012 年的 ImageNet 比赛上取得冠军后，深度学习才逐渐确立了在高层视觉中的统治地位，其后，ImageNet 比赛的前几名都采用了深度学习算法。我们从时间上也可以感受到，底层视觉的发展比高层视觉晚了近 5 年，这也是底层视觉一直在苦苦追赶的原因。

2017 年后，深度学习进入自我迭代进步的时期，也分化出了两个基本方向：一个是更大，另一个是更小。前者探究的是性能上限，是研究者追求的学术理想；后者探究的是实用价值，是企业家想要的产业应用。

两者都重要，对性能极致的好奇是科学家前进的原动力，促使人类不断超越自己；而对实际效益的追求是人类的根本需要，促使资本大量流入科技领域，并惠及大众。因此，在两个方向上努力的研究者也就各有倾向，前者多来自高校，为了最先进的技术而战；后者多来自企业和研究所，为了最好用的产品而战。

下面我们就看看它们各自的发展历史。

4.5 越来越大的网络

将模型做大还得从 SRCNN 说起。SRCNN 的会议版本只有 3 层卷积，到了期刊版本就发展到了 5 层。但 5 层卷积并没有展现出比 3 层更好的效果，主要是受限于当时的优化算法过于粗略和单一。

1. 增加网络规模

真正将深度提升上去的还是 2016 年的 VDSR，前文已经提过，它拥有 20 个卷积层，而且性能大幅提升。这里的核心技术是梯度剪裁（Gradient Clipping）和残差学习

（Residual Learning），它们降低了网络的优化难度，也拓宽了参数的可调范围，在此之前，需要精心选择网络参数，模型才能收敛。

在 2017 年的第一届 NTIRE①比赛上，EDSR 进一步将网络提升至 36 层，严格来讲，是 36 个残差模块（Residual Block）。这里的残差模块是深度学习领域又一个里程碑式的进步，是一种卷积层之间跳跃连接的方式，由何恺明首次在图像分类任务中提出，对应的论文获得了 CVPR 2016 的最佳论文奖[11]，截至目前，学术引用量超过 23 万次。残差模块可以提升网络的优化稳定性，可以成功训练上百层的网络。如图 4-8 所示，普通的神经网络从 18 层加深到 34 层之后，网络误差不降反升，而使用 ResNet 可以解决这一问题。

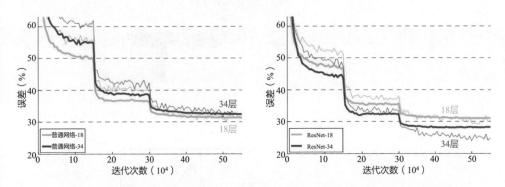

图 4-8　使用 ResNet 能让深层网络的训练误差（粗线）和验证误差（细线）更低[11]

实际上，2017 年 NTIRE 的前 5 名都用到了残差模块进行训练。而 CVPR 2017 上另一个经典的超分网络就叫作 SRResNet[14]，可见残差模块在当时多么流行。同年，跳跃连接的理念进一步发展，图像分类领域出现了密集连接网络 DenseNet[29]，如图 4-9 所示，每个模块输出的特征都会注入后续模块中，再度降低了优化难度。很快，超分领域也引入了相关观念，帝国理工学院的童同团队在 ICCV 2017 上提出了 SRDenseNet[30]，将神经网络的深度增加至 64 层。

2018 年，由美国东北大学的张宇伦和傅云团队提出的 RDN[31]的深度突破了一百层（128 层），之后，他们在 ECCV 2018 上提出的 RCAN[32]更是将深度推至 400 层的极致。

在参数量的对比上，SRCNN 的参数量是 8000 个，VDSR 的参数量直接上升到

---

① NTIRE 全称 New Trends in Image Restoration and Enhancement，是计算机视觉中图像复原领域颇具影响力的一项全球性赛事。

70 万个，EDSR 和 SRResNet 的参数量都是 150 万个，而 RCAN 提升到了 1560 万个（图 4-10 中展示了部分超分方法的参数量），这样的"玩法"在传统算法中是不可能出现的。

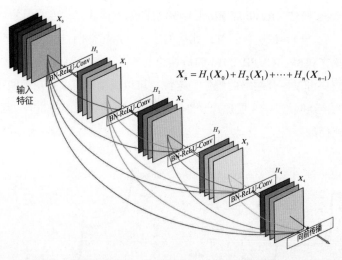

$$X_n = H_1(X_0) + H_2(X_1) + \cdots + H_n(X_{n-1})$$

图 4-9　DenseNet 结构图，每条弧线都代表一次跳跃连接，H_n 为网络模块，X_n 为模块输出的特征[29]

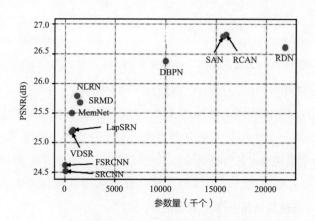

图 4-10　部分超分方法参数量与 PSNR 的关系[33]

　　传统的机器学习算法即使面对两到三倍的规模增长，也要花费巨大精力进行改进优化，而深度学习仿佛可以轻松应对呈几何级增长的网络，这也逐渐加大了它们之间的数据拟合能力的差距。深度大战到了这里也开始出现瓶颈，要想继续前进，还需要新的网络结构来提升拟合效率。

2. 引入注意力机制

2018 年提出的 RCAN 只是前奏，它首次将通道注意力（Channel Attention）机制引入超分网络（RCAN 使用的通道注意力结构见图 4-11）。注意力机制简单来讲就是让每个通道/特征/滤波器都有自己可学习的权重，这个权重使得它们不再一视同仁地看待所有输入，而是能够自适应地区别化处理，进而让每个模块的拟合效率都得到提升（注意力机制的介绍见本章小贴士 1）。

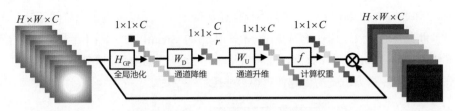

图 4-11　RCAN 使用的通道注意力结构[32]

注意力机制也因此成为此后两年的焦点。在 CVPR 2019 上，清华大学戴涛和张永兵团队提出的 SAN[34]就使用了二阶注意力机制。2020 年，东北大学的牛奔团队提出的混合注意力模型 HAN[35]（见图 4-12）更是融合了通道注意力、空间注意力（Spatial Attention）和层注意力（Layer Attention），让算法在规则图形上（如城市楼房）的拟合能力进一步提升。

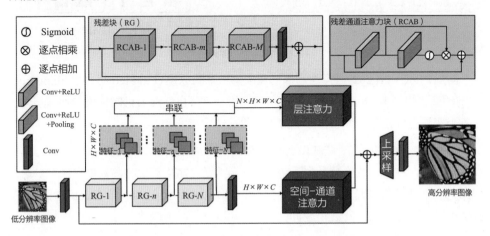

图 4-12　HAN 融合了通道注意力、空间注意力和层注意力机制[35]

3. 进入 Transformer 时代

2021 年，注意力机制出现了变革，异军突起的自注意力（Self-Attention）机制占据了网络结构的主流地位（Transformer 架构的具体讲解可见本章小贴士 2），之所以叫作自注意力，是因为其用于计算的三个权重矩阵 Q、K 和 V 都来自输入本身。深度学习也开始由早期的 CNN 时代进入 Transformer 时代。Transformer 翻译为中文是变形金刚，但在深度学习中它代表以自注意力机制为主的网络结构。

最早将 Swin Transformer 引入图像超分领域的是苏黎世联邦理工学院的 Radu Timofte 和 Luc Van Gool 团队，他们不仅搭建比赛平台，还经常提出先进的超分算法，吸引了世界各地的人才前往学习交流。他们提出的 SwinIR[36]（见图 4-13）应用了当时最新的 Swin Transformer 模型，在参数量小于 SAN 和 HAN 的情况下，大幅提升了超分效果，自注意力机制的优越性也得以显现。

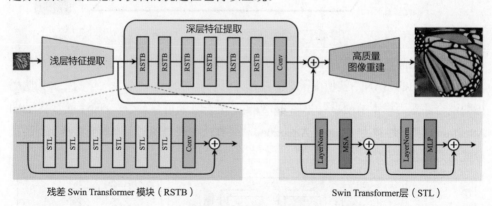

图 4-13   SwinIR 网络结构图[36]

随后，在 CVPR 2022 上，加利福尼亚大学默塞德分校（UC Merced）的 Ming-Hsuan Yang 团队提出了 Restormer[37]（见图 4-14）模型，将自注意力机制拓展到通道层面，在各个底层视觉任务上都取得了更好的效果。

2023 年，我们团队在 CVPR 上提出的 HAT[38]（见图 4-15）融合了自注意力机制和卷积网络，将算法性能提升到了新高度。最大的 HAT 模型的参数量已经可以达到 4000 万个，平均性能超越 2016 年的 VDSR 2dB，这相当于 1981 年 Bicubic 插值算法到 2016 年的 IA 算法的发展幅度。

这样的发展速度可谓惊人！

这也让人相信，深度学习算法不仅是一种新的算法，也是一种新的模式和算法体系，可以通过自我革新不断超越极限。而未来的终点在哪里，就只能靠我们想象。

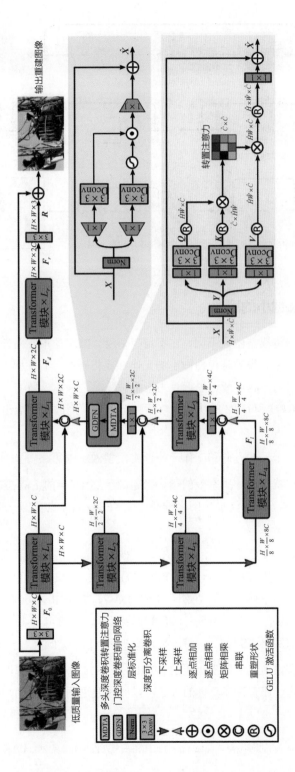

图 4-14　Restormer 网络结构图[37]

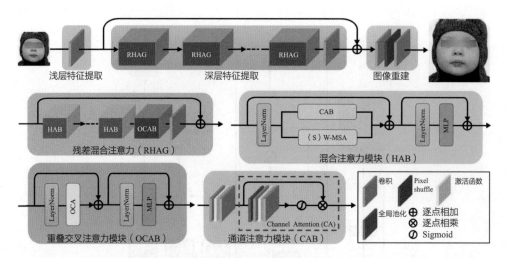

图 4-15　HAT 网络结构图[38]

4.6　越来越小的网络

将模型做小与将模型做大不同，它不是一个没有限制的单方向任务，而是一个约束明确的多方向任务。每项将模型做小的工作都要将某个已有的模型作为对标模板，在给定了性能底线后，尽可能地逼近算力下限。除此之外，模型的小型化也有不同的目的，例如针对 CPU 和 GPU 的优化策略就完全不同，因此很难给出一个明确的发展脉络。

这里列举几个重要的方向和工作，梳理将模型做小的思路。

最直接的想法就是设计更有效的模块。起源于 2016 年的 ESPCN 和 FSRCNN 以 SRCNN 为优化起点，尽可能加快网络推理速度，FSRCNN 也是第一个可以在 CPU 上实时运行的超分网络。

由于 SRCNN 的参数量太小，性能不高，极大地限制了深度学习的发挥，因此后续的轻量化网络多采用 SRResNet 或 EDSR 作为对标模板和性能底线。2020 年，南京大学的唐杰团队提出了残差特征蒸馏网络 RFDN[39]，将 SRResNet 的参数量减少到 55 万个，并赢得了 AIM① 2020 的轻量化超分比赛冠军。2022 年，我们团队又进一步提出蓝图可分离卷积网络 BSRN[40]，将参数量减少到 15.6 万个。

相关工作还有很多，可以从历年的 NTIRE 和 AIM 中总结，这里不再列举。除了直接设计网络模块，还有许多巧妙的方法可以间接改进网络，例如知识蒸馏、网络剪

---

① AIM 的全称是 Advances in Image Manipulation，与 NTIRE 一样，也是图像复原领域的著名竞赛。

枝、结构搜索和重参化。

网络知识蒸馏是由深度学习创始人 Hinton 提出的一种将深层网络的知识传递到浅层网络的技术，帝国理工学院的童同团队在 ACCV① 2018 上将其引进超分领域[41]，具体设计如图 4-16 所示。设计损失函数让学生网络的中间特征不断近似教师网络的中间特征，期望两个网络的功能一致，达到使用更少参数获得相近结果的目的。

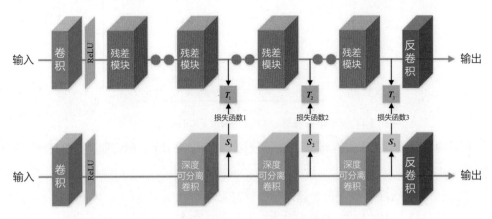

图 4-16　网络知识蒸馏示意图[41]

网络剪枝是在已经训好的模型里将贡献较小的连接（如滤波器）检测出来并去掉的方法，早在 2017 年就普遍应用于高层视觉中，但在底层视觉中迟迟没有展现出突出的效果，只有为数不多的几篇论文被发表，例如 2021 年东北大学的张宇伦团队提出的 ASSLN[42]。这主要是因为底层视觉网络输出的是像素层面的图像，对中间特征比较敏感，剪去网络中的任何连接都会直接影响输出效果。

神经网络架构搜索（Neural Architecture Search，NAS）一度是一个很火的概念，它利用算法代替人类进行网络结构设计。最早在超分中应用 NAS 的是小米的 AI 团队，他们通过算法找到了许多可以与人工设计媲美的网络[43]。但由于 NAS 要消耗大量资源，而且没有带来特别惊艳的效果，后来逐渐降温。

重参化针对不能采用跳跃连接的网络进行优化，利用分解的复杂模块进行训练，再重新合并成简单的模块进行测试。经典的工作包括 2021 年由张磊老师团队提出的 ECBSR[44] 和 2022 年由我们团队提出的 RepSR[45]，这两个算法与其他算法的效果对比展示在图 4-17 中，在同一性能水平下，RepSR 的运行时间大大缩短。重参化方法比较适合手机端部署的超分算法，主要在企业中进行研究和应用。

---

① ACCV 的全称是 Asian Conference on Computer Vision，即亚洲计算机视觉会议。

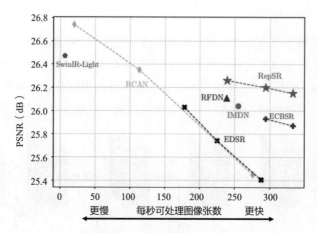

图 4-17　RepSR 在网络足够轻量的情况下依旧有较好的性能[45]

将网络做小看上去没有将网络做大产生的学术影响力大，但它创造了极好的产业效应。

2016 年，ESPCN 的提出者施闻哲在英国创建了 AI 公司 Magic Pony 并进行超分落地，该公司 2018 年成功被推特收购，并将超分用在了推特的图像压缩中。同年，SRDenseNet 的提出者童同创建了帝视科技，致力于将超分等底层视觉技术落地。

2018 年，我在商汤科技期间，带领团队开发了首款深度数码变焦软件，将深度超分落地在 vivo 手机中。同年，华为的手机芯片首次搭载深度超分算法 HiSR，其网络结构类似于 FSRCNN。轻量化的图像超分算法不断落地到手机计算摄影领域。

除了超分，其他基于深度学习的底层视觉技术，如深度估计、背景虚化、HDR、色彩增强、去噪去模糊等，也在 2017—2019 年被应用在各大手机中，传统的 ISP 模块也逐步与深度学习结合，形成了如今日益强大且智能的 AI 拍照体系。

4.7　深度学习算法快速发展的原因

深度学习算法能够在这样短的时间内取代传统算法并迅速成长，还有两个重要的因素：一是降低了技术门槛，二是由选手变为裁判。

我们先看第一个因素。第 3 章曾提到，SRCNN 所用的深度学习框架是 Cuda-convnet，不仅操作复杂，而且不适用于底层视觉。想要掌握 Cuda-convnet，需要了解很多底层代码，并且能够自己修改。当时，深度学习社区尚不健全，没有多少人可以在网上解答他人的问题。如此一来，深度学习的门槛就相对较高，与传统算法相比并没有优势。

2013 年，新的深度学习框架 Caffe 在加利福尼亚大学伯克利分校（UC Berkeley）诞生，并于 2015 年成为主流，Caffe 的开发者贾扬清也一度成为华人的骄傲。

Caffe 代码完全开源，模块清晰、操作方便，使得深度学习算法的训练、测试和存储效率都大幅提升。FSRCNN 的代码就用 Caffe 写成，简单易用，降低了新手的学习成本。此后，开发深度学习算法不再需要了解底层代码，只需熟悉上层命令。

与此同时，快速上手深度学习框架的书籍开始不断涌现，大量工程经验在网络上广泛传播，使得技术门槛进一步降低，之前只有博士生才能做的课题可以由本科生来做。

我还记得 2018 年参加 VALSE[①]时，有一个学生在我分享后感谢我，说正是因为看了 SRCNN 和 FSRCNN 才决定读研，因为她没想到原来算法可以如此简单。这足以说明深度学习已经让曾经高不可攀的科研变得触手可及。

再后来，谷歌的 Tensorflow 和原脸书的 PyTorch 相继问世，再次提升了优化效率。尤其是 PyTorch，它融合了早期的 Torch 和 Caffe2，并且用大家熟悉的 Python 语言写成，代码可读性非常强，使得学习成本再次降低。

基于 PyTorch，我们的超分开源代码库 BasicSR 于 2020 年问世，我们将比赛经验融入其中，让后来者少走弯路。BasicSR 主要由我的师弟王鑫涛完成，他也是几次超分比赛的冠军得主，工程能力极强，所写的代码清晰流畅，可扩展性强，使 BasicSR 获得了广泛的使用和关注。

后来我也发动全组成员为 BasicSR 写了一份详细的教程，带着初学者从零学起。除此之外，许多其他超分开源代码库也极大地促进了超分领域的发展，例如张宇伦的 RCAN 和 OpenMMLab 的 MMEditing。

这些操作层面上的进步使得技术门槛逐渐降低，社区逐步扩大，吸引了更多人加入使用和开发算法的行列。相较而言，传统算法缺少简捷实用的开源代码，更没有统一的语言框架和教程，需要学习者自己摸索，踩坑前进。如此一来，新来的学者自然倾向于简单通用的深度学习算法，而舍弃了复杂不通用的传统算法，两者的差距从技术层面上被逐渐拉开。

另一个因素是规则的改变，让深度学习的角色从选手变为裁判。一开始，深度学习想占据一席之地，必须在传统算法的"地盘"上取得成绩。而传统算法所用的标准对传统算法更加友好，尤其是数据集。数据集分为训练数据和测试数据。早期传统算

---

① VALSE 全称 Vision and Learning Seminar，即视觉与学习青年学者研讨会。

法所用的训练数据和测试数据很少，例如稀疏编码算法所使用的 91 张训练图像，以及 Set5/Set14 测试图像（见图 4-18 和图 4-19）。而 SRCNN 需要在这样的数据集上"打败"传统算法。

图 4-18　Set5 测试集

图 4-19　Set14 测试集

但是，如果限制了数据，就无法发挥出深度学习真正的能力。于是在 2016 年之前，深度学习算法的优势无法在少量的训练数据和测试数据上体现。

2017 年的 NTIRE 比赛是重要的转折点，它不仅开源了训练数据，也增加了测试数据，让深度学习崭露头角。此后几乎每年都有 NTIRE 比赛，而每次比赛都会公布多个训练和测试数据，这些数据让本来就艰难的传统算法难以为继。

当规则已经开始为深度学习制定时，它就从选手变成了裁判。

数据集的改变只是开始，后来逐渐出现了任务的变化和平台的变化。任务的变化体现在深度学习创造了许多全新的分支，例如生成式超分和真实场景超分，这些分支没有传统算法参与的余地。而平台的变化主要指针对深度学习进行优化的测试平台，例如 GPU 和 NPU，这使得传统算法在速度上也无法取得优势。多方面的变化使得深度学习彻底掌控了话语权，而传统算法再也难以独立登上舞台。

综上所述，深度学习所带来的变革不只是单纯的算法革新，更是从底层硬件到中层代码，再到上层标准的深层次体系性变革。

这也是为什么从深度学习开始，人工智能进入了全新的时代，它影响的不只是学术界，更有产业界、教育界、资本市场和社会大众。深度学习代表的也不仅是一种算法，更是两个核心理念：深度象征没有上限、学习代表持续进步，这正是人工智能的根本特征。

从 1 到 *N*，是由理想到实践、由底层到高层、由举步维艰到全面开战、由争夺地盘到成为裁判、由星星之火到可以燎原的宏大过程。你也许由此联想到了很多其他领域和历史事件，它们都有着相似的发展轨迹，也韵含了相似的历史规律，是社会与自然的美学。

 小贴士 1　注意力机制

一个卷积核提取一种特征，多个卷积核便能提取多种特征，一个接一个的卷积层又可以提取更为抽象的特征，加上激活函数带来的非线性，提取高度复杂的特征成为可能。残差结构的引入解决了深层 CNN 的训练问题，让网络规模不断扩大。于是早期研究者开始堆叠卷积层和残差块，在各个任务上取得了优异的性能。然而这样直接"暴力"的改进方式也慢慢进入了瓶颈期，大家开始追求更为高效的特征提取方式，注意力（Attention）机制进入人们的视野。

注意力机制的灵感来源于人类，人们在学习观察时，会把注意力放在对最终目标更重要的部分，而不会平均地考虑已获得的全部信息。例如司机开车通常会关注行驶中的车辆和行走的路人，而不太会在意路边店铺的名字，因为对于安全驾驶而言，观察路况比了解店铺的名字更重要。由此，研究者开始考虑让神经网络也拥有这样的能力，例如在人脸识别任务中，希望网络将更多的注意力放在眼睛、嘴巴等重要的五官特征上，而不用在意人物的穿着和环境背景。

在卷积神经网络中，特征图的通道数量往往大于 RGB 图像的（RGB 图像有 3 个通道），达到 64 个、128 个甚至 1024 个。我们希望网络能够避免关注冗余信息，有所侧重地利用不同通道，通道注意力便应运而生。如图 4-20（a）所示，大小为 $H \times W \times C$ 的特征图首先经过全局池化，变为 $1 \times 1 \times C$ 的向量。向量经过一个全连接层压缩通道后，再通过全连接层恢复为 $1 \times 1 \times C$，这里的目的是让网络自行生成一个权重向量，通过 Sigmoid 函数归一化，我们得到了最终的 $1 \times 1 \times C$ 的注意力权重。大小为 $H \times W \times C$ 的特征图乘以相应的通道注意力权重便实现了对于不同通道的区别利用。通道的利用程度由注意力权重决定，权重越接近 0，其结果越接近 0，对应通道的特征引起的网络注意越少。

特征的不同通道需要不同的注意力，特征的空间信息同样需要不同的注意力，图 4-20（b）所示的空间注意力就是在做这样的事情。$H×W×C$ 的特征图通过卷积得到 $H×W$ 的二维矩阵，经过 Sigmoid 函数归一化得到最终的权重矩阵。$H×W×C$ 的特征图在不同位置乘以相应的权重得到网络不同程度的注意力。

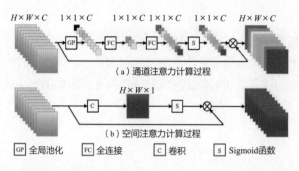

图 4-20　通道注意力计算过程与空间注意力计算过程[46]

以上注意力机制在不同维度（通道、空间）上对特征赋权以体现其重要性，因此我们可以大胆想象在其他维度进行注意力计算，而如何通过不同层面的注意力让网络关注更重要的信息变成了大家追求的目标。

 小贴士 2　Transformer 架构

虽然 CNN 在各个领域中取得了喜人的效果，但它并不是完美无瑕的。网络进行卷积操作时的感受野（Reception Field）通常远小于待处理图像，所以一次卷积只能对图像中的部分区域进行处理，想得到全图的特征只能将卷积核在全图上滑动遍历。这样的处理方式使网络需要学习到一个放之四海皆准的卷积核，可想而知这是多么困难的一件事。并且，不是所有区域都会含有所需的特征，不同区域也可能遭受不同程度与不同类型的退化与破坏。如果一项任务依赖于精确的空间信息，那么卷积网络也可能欠拟合，因此使用一刀切的处理方式显得不够灵活，不能做到因地制宜。

同时，因为卷积核的尺寸通常是固定的，我们在一次卷积中所能考虑到的信息被限制在较小的感受野内，例如使用一个 3×3 的卷积核处理一张分辨率为 64 像素× 64 像素的图像时，一次卷积给我们带来的 9 个像素的感受野只占所有像素的 0.2%，导致能提供的上下文信息十分有限，如图 4-21 所示。更何况在一般情况下，图像分辨率要远远高于 64 像素×64 像素，而扩大卷积核尺寸获得更大的感受野又会增加计算负担。局部感受野的特性导致网络只能在较小范围内管窥学习特征，因此我们一直期望网络能够具有"大局观"，可以利用更大范围的信息。

图 4-21　大小为 3×3 的卷积核在分辨率为 64 像素×64 像素的图像上只占很小一部分

CNN 的局限性导致深度学习慢慢进入瓶颈期，广大学者开始追求改良方式，期望得到全局的信息交互，在提取特征时能更加灵活。

Transformer 架构最早出现于 Vaswani 等人发表在 NeurIPS 2017 上的名为 "Attention is all you need"[47]的论文中，用于解决自然语言处理问题。Transformer 架构仅用自注意力机制作为网络的主要构件，便在机器翻译任务上取得了优异的性能。当时，在机器翻译领域常见的网络框架依旧是卷积神经网络（**Convolutional Neural Network**，CNN）或循环神经网络（Recurrent Neural Network，RNN），而 Transformer 架构能够在抛弃了之前常用的神经网络结构的情况下解决机器翻译领域中序列不能并行化计算与长期依赖的问题，并取得优异表现，一经提出马上引起广泛关注，研究者纷纷开始挖掘这一新框架的潜力。Devlin 等人在 2019 年发表的 BERT[48]模型与 Brown 等人在 2020 年发表的 GPT[49]模型就是其中的代表性工作，他们在多个自然语言处理（Natural Language Processing，NLP）任务上的表现大幅领先于之前的方法。

领域之间的方法迁移借鉴和融会贯通在研究中十分常见，所以 Transformer 架构在各项 NLP 任务上成功摆脱了之前的研究范式，并且取得了一系列成果，吸引了 CV 界许多学者的目光。

他们开始尝试替换一度被认为是 CV 最基本操作的 CNN，开始对 Transformer 架构的初步探索，将其从 NLP 领域适配到 CV 领域。但是生搬硬套会产生严重的问题：在 NLP 任务中，Transformer 架构接受序列作为输入，对于长度为 n 的序列，模型复杂度为 $O(n^2)$。在当时，$n=512$ 是一个对于机器翻译任务绰绰有余的设置，而如果直接对于一张分辨率为 256 像素×256 像素的图像在像素尺度上建模，$n=65536$，那么模型的运算量将呈指数级增长，对更高分辨率的图像来说，模型运算量更是将达到灾难级别。

为了解决 Transformer 架构在处理图像数据时存在的问题，Dosovitskiy 等人在其提出的 ViT[50]模型中对输入的数据进行了一定的预处理（如图 4-22 所示）。同样以一张空间分辨率为 256 像素×256 像素的图像为例，可将整图切割为 $256×256÷(16×16) = 256$ 个空间分辨率为 16 像素×16 像素的小图像块（Image Patch），如此可以将 $n^2 = 65536^2 = 4294967296$ 降低为 $256×(16×16)^2 = 256×256^2 = 16777216$，即原来运算量的 1/256，大大减少了计算开销。这样分而治之的操作使 Transformer 架构可以负担以图像作为输入时所需的计算量。

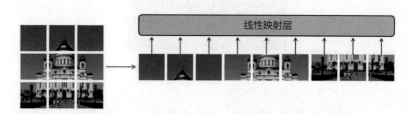

图 4-22　ViT 中将图像切成若干小图像块的数据预处理操作[50]

一个图像块中的所有像素随后会被平铺（Flatten）成一维的形式，然后将所有图像块叠放成二维矩阵 $\boldsymbol{P} \in \mathbb{R}^{N×L}$ 以适应 Transformer 架构的输入，其中，N 和 L 代表序列的总个数与长度。上述例子中切割出来的序列个数 $N = 256$，L 为单个补丁中所含的像素总数 16×16×3=768（3 代表彩色图像的 3 个通道）。为了控制 Transformer 架构中特征的宽度，使网络不依赖输入数据的维度，可采用一个可训练的线性映射（通常是一个全连接层）提取特征，同时将维度 L 映射到一个可自由调节的维度 D 上，即 $\boldsymbol{P} \in \mathbb{R}^{N×L}$ 变为 $\boldsymbol{D} \in \mathbb{R}^{N×D}$，这个过程一般被称为嵌入（Embedding）。以上数据预处理过程可以用式（4.1）概括。

$$\boldsymbol{X} \in \mathbb{R}^{H×W×C} \xrightarrow{\text{Flatten}} \boldsymbol{P} \in \mathbb{R}^{N×L} \xrightarrow{\text{Embedding}} \boldsymbol{D} \in \mathbb{R}^{N×D} \tag{4.1}$$

其中，$N=H×W/(P×P)$，$L=P×P×C$，P 为补丁的大小。通过这一系列的数据处理，使得 Transformer 架构接受图像作为输入时有了一套可复制的工作流程，可以在各种视觉任务上扩展延伸。

图 4-23 展示了首个使用 Transformer 架构的通用底层视觉模型 IPT[51]（Image Processing Transformer）的数据维度变换，此时 Transformer 架构的输入是根据底层视觉任务处理得到的特征图。将特征图平铺成适合 Transformer 架构输入的序列形式，经过标准的 Transformer 的编码器（Encoder）与解码器（Decoder）后输出二维形式的特征，再将二维形式的特征重塑（Reshape）回三维特征图。可以看到，Transformer 架构大体上遵循编码器-解码器架构，编码器与解码器都是由层层叠叠的自注意力模块构成的，只不过解码器的内部还要考虑输入的序列性和任务信息，因此具有额外的结构，这里不再赘述。

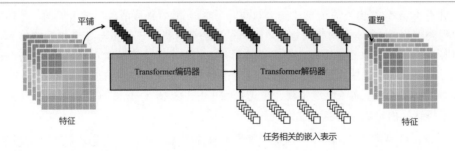

图 4-23 IPT 网络 Transformer 部分的数据变换过程[51]

Transformer 完全抛弃了沿用已久的卷积操作，避开了卷积所带来的局限性，其核心自注意力机制中的每个元素都能与其他元素交互。同时，图像不同位置能因地制宜，不再使用共享的卷积核。

图 4-24 展示了 Transformer 的基本模块。首先，嵌入后的特征进入 Transformer 的核心模块——多头自注意力（ Multi-Head Self-Attention ）机制；然后层归一化（ Layer Normalization ）控制网络每层神经元，使输入数据分布稳定，这有助于网络的训练；最后，前馈网络和层归一化进一步提取特征。接下来，我们详细介绍这个全新的特征提取方式。

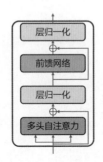

图 4-24 Transformer 的基本模块

假设图像补丁嵌入后得到的输入为 $X \in \mathbb{R}^{N \times D_x}$，$N$ 为序列个数，D_x 为序列中元素的长度。在进行自注意力操作之前，我们会先将输入 X 映射到 $Q \in \mathbb{R}^{N \times D_q}$（问询队列 Queue），$K \in \mathbb{R}^{N \times D_k}$（关键索引 Key）和 $V \in \mathbb{R}^{N \times D_v}$（计算值 Value）三个空间中。映射过程如下。

$$Q = XW_q, K = XW_k, V = XW_v \tag{4.2}$$

其中 $W_q \in \mathbb{R}^{D_x \times D_q}, W_k \in \mathbb{R}^{D_x \times D_k}, W_v \in \mathbb{R}^{D_x \times D_v}$ 为三个需要学习的映射矩阵（通常情况下 $D_q = D_k = D_v = D$）。接下来给出一个直观的理解方式：Q 代表我们网上购物时想购买的物品，例如保暖衣物；K 中包含了各式各样的关键词，例如春、夏、秋、冬等；V 代表一系列将要推送给我们的商品，例如衬衫、短袖、卫衣、羽绒服等。

通过 Q 和 K 计算出不同的自注意力权重，不难知道，"保暖衣物"与关键词"冬季"的相关性比与"夏季"的相关性高，因此算法会认为更应该注重与冬季相关的物品，而与夏季相关的物品则不太会被推送给用户。对 V 中各类商品赋以不同的权重代表不同的重视程度，最终呈现出来的是网购平台返回的结果中羽绒服一定是占据大多数的，而短袖则基本不可能出现。在式（4.2）中，Q、K 和 V 由同一个 X 映射而来，我们将这样的机制称为自注意力机制。

那么如何通过 Q、K 计算得到所需要的自注意力矩阵，也就是 $V \in \mathbb{R}^{N \times D}$ 的权重矩阵 $A \in \mathbb{R}^{N \times N}$ 呢？内积运算可以解决这个问题。当两个向量正交时，可以认为它们没有相关性，其内积结果的数值为 0；当这两个向量方向一致时，相关性最强，计算得到的内积结果的数值也最大。随后，通过 softmax 操作得到对应的权重矩阵 A。值得注意的是，在 softmax 操作之前，我们对内积计算的数值结果做了一次收缩操作，这是因为当内积计算得到的结果的数值非常大时，softmax 后的数值会非常接近 1 或者 0，这样会使网络反向传播时的梯度值变小，不利于网络更新。

得到自注意力矩阵后，如式（4.3）所示，将其使用到矩阵 V 上，最终得到结果 $H \in \mathbb{R}^{N \times D}$。

$$H = AV = \text{softmax}\left(\frac{QK^{\mathrm{T}}}{\sqrt{D}}\right)V \tag{4.3}$$

整个计算过程如图 4-25 所示。

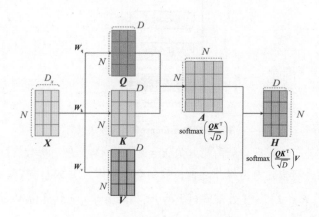

图 4-25　自注意力计算过程示意图

自注意力机制可以看作一种加权求和，这使得 Transformer 能够让序列中的所有元素同时进行交互，同时使模型不仅能够进行短期交互，还能够捕捉到长期交互，换句话说，让模型具有了全局感受野[50,52]。区别于一个共享卷积核遍历整个数据，自注意力机制中元素之间直接进行计算，更为灵活，做到了因地制宜。通过上述分析，我们了解了 CNN 与 Transformer 架构的区别，那么它们有什么联系吗？或者说，卷积操作和自注意力有共同点吗?这两种计算方式在本质上都是加权求和,卷机操作通过卷积核对图像进行局部加权求和,自注意力操作通过计算注意力矩阵对矩阵$\boldsymbol{V}$进行加权求和,"形似而神不似"。在卷积神经网络完成学习后,卷积核的参数是固定的,是一种静态的加权求和。对于每个不同的输入,自注意力机制得到的注意力矩阵不同,这个权重矩阵的参数是动态变化的,是一种动态的加权求和。

在实践中,我们希望模型可以使用同一套自注意力机制捕捉到多样的特征,而不是只倾向某一种特征,以便于我们将学习到的不同模式组合起来,博采众长。基于此,大家开始使用多头自注意力机制生成不同的$\boldsymbol{Q},\boldsymbol{K},\boldsymbol{V}$用来关注不同的部分与特征,再将生成的所有结果串联起来进行线性映射,得到最终输出$\boldsymbol{O}\in\mathbb{R}^{N\times D}$。其中,$h$为自注意力机制的头数,计算过程如下。

$$\boldsymbol{H}_i = \text{Attention}\left(\boldsymbol{Q}_i,\boldsymbol{K}_i,\boldsymbol{V}_i\right) = \text{Attention}\left(\boldsymbol{XW}_{\text{q}}^{\;i},\boldsymbol{XW}_{\text{k}}^{\;i},\boldsymbol{XW}_{\text{v}}^{\;i}\right)$$
$$\boldsymbol{O} = \text{Concat}(\boldsymbol{H}_1,\boldsymbol{H}_2,\cdots,\boldsymbol{H}_h)\boldsymbol{W} \tag{4.4}$$

其中$\boldsymbol{H}_i\in\mathbb{R}^{N\times D}$,而$\boldsymbol{W}\in\mathbb{R}^{h\cdot D\times D}$。代表最终线性映射时的权重矩阵,整个流程如图 4-26 所示。

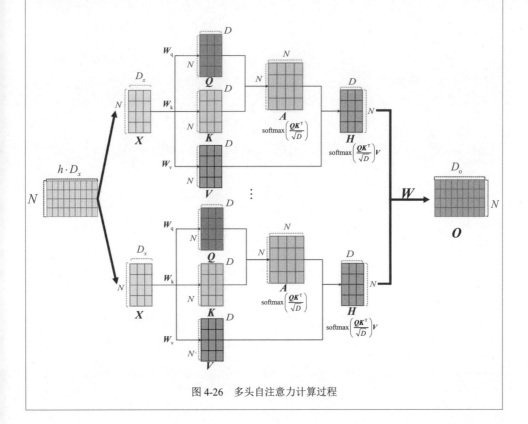

图 4-26　多头自注意力计算过程

经过多头自注意力机制，得到的输出 $O \in \mathbb{R}^{N \times D}$。与输入跳跃连接相加后，再通过层归一化和多层感知机，即几个连续的全连接层后，完成一次基本运算。

另外，在计算机视觉领域中，由于自注意力的计算复杂度会随着输入尺寸的增加呈指数级增长，因此一般无法直接在大分辨率图像上进行计算，而是将整图重叠切割分块后依次送入网络，最终将输出的数个重建好的图像块拼接为一张整图，如图 4-27 所示。

图 4-27　图像尺寸太大时，输入 Transformer 的数据需要预处理与后处理

第5章
从算法到产品：为落地而战

从算法到产品，看上去是一个顺理成章的过程，实际上要经历"千难万险"。我们永远不知道我们的算法离落地还有多远，有时你认为很近，但可能还有好几年，以至于你坚持不到那时就放弃了；有时你认为很远，但可能就隔着一层窗户纸，几个月就突破了，只是突破的人未必是你。

从算法到产品，就像在黑暗的房间里走迷宫，你能感觉到脚下的路，却不知道它通向何方。后面有公司的领导在催促，身边又有各种荆棘和陷阱，只有窗外的一点儿阳光能给你些许希望。

从算法到产品，不是一次轻松愉悦的尝试，而是一场艰苦卓绝的战争，胜者为王，败者为寇，要么获得市场，要么被踢出局，要么光环加身，要么灰溜溜地走人。这也使得这场战争充满了血腥味，回忆起来难免有些苦涩，也会无意间结下几份冤仇。市场不饶人，利益不看人，公司不缺人。

从算法到产品，不是一个人的战斗，它需要一群人团结协作才能成功，团队的建设决定了产品的成败，而一个人的失误也可能造成满盘皆输。

从算法到产品，对我来说是一段难忘的经历，在商汤做产品的那两年是我成长最快的时光，它让我看到了产品、认清了市场、经历了斗争、也明白了自己，从而坚定了未来的方向。

从算法到产品，其实说来也简单，总共分三步：第一步**找锤子**，第二步**找钉子**，第三步**用锤子砸钉子**。锤子就是你的算法，钉子就是你要做的产品，而用锤子砸钉子就是把你的算法落到产品中去。下面我就来讲讲关于这三步的故事，也许可以给后来者一些启发。为了避免不必要的误会，我将下文中出现的公司名统一用字母代替。

5.1 寻找趁手的锤子

锤子还需要找吗？这是我刚进公司时的疑惑。那时我刚博士毕业，信心满满地要将这几年研发的超分算法落地，锤子自然就是我的超分算法。但到公司几个月后，我就发现不对劲了：我的锤子完全没有用武之地，没有确定的方向和产品。关键是没有客户会在意你用什么锤子，他们只在乎自己的钉子，不能砸钉子的锤子都不是好锤子。

那时公司刚刚起步，在业界还没有什么名气，也没有现成的产品，需要研究员跟着商务人员到处拜访客户、寻找机会。它不像成熟的企业，有着严格的商务、产品和研发梯队，如果研究员不亲自拜访客户，那么商务人员根本不知道该如何对接需求，更多时候，只有在见客户时才能聊出需求。我最早拜访的客户是 A 公司，该公司是做网络下载服务的，与我的超分算法"八竿子打不着"。我当时是跟着两位徐总一起去的，接待我们的是对方的总裁。我方聊了一些计算机视觉方面的算法，想知道是否有合作的前景，而对方讲了他们在网络调度方面的困难，想知道是否能用 AI 解决。

这就是典型的"锤子对不上钉子"。其实我们的算法并非不能解决他们的问题，但需要收集新的数据，进入新的领域，投入产出比是无法预料的。对方看出了我们的难处，转而提出了新的需求，说他们的播放器端有视觉算法需求。他们想通过算法来识别相应的人物和场景，从而精准地投放广告。这件事我倒是非常熟悉，早在博士一年级我就做过相关工作，因此回复说可以合作看看。我回去把当年做的软件再次调通，再次拜访他们并给他们演示，他们的技术负责人觉得还不错，就商量如何将算法嵌入他们的产品。

这时你会发现，你的锤子不再是超分算法，却有利可图，你要不要试试看？由于刚开始没有经验，我就抱着尝试的态度继续与他们接触。在经过几轮迭代后，我发现他们的需求经常发生变化，因为上级领导要权衡不同的业务线，一会儿说不一定投放广告，一会儿说可以只做直播场景，完全无法聚焦。这样一来，就算我们能解决他们的问题，也不能产生较大的影响力，对我的长期发展没有好处。因此，我果断放弃了这条线。

那是不是还有其他锤子呢？进了公司我才发现，自己的锤子其实挺多的，传统的机器学习算法和图像处理算法都可以当成锤子来用。如果想在公司站住脚，就要想办法找到实际的产品需求。当时公司与手机厂商接触密切，我就转过来寻找手机方面的需求。那几年手机方面最火的技术就是美颜，许多国内手机厂商都将美颜作为主打功能。美颜用到的主要是传统的图像处理技术，对我们来说并不困难，既然市场有需求，我们完全可以试一下。

但事情并非如此简单，美颜算法在市场上几乎已经被 B 公司和 C 公司垄断，其中 B 公司是老牌图像处理算法企业，他们的算法积累深厚，产品成熟，业务线完整，我们完全无法与之竞争。要想打开局面，就得从小处切入，做别人不能做或不愿做的事情。

那时 D 公司提出了一个小需求，想做出"水润感"的美颜效果，这种水润感超越了以往的形态变化（大眼瘦脸）和色彩变化（美唇），而是质感变化。这种需求还是第一次被提出，B 公司也没有相应的算法。机会来了，我们约定在一个月内研发出"水润感"算法。为此我们开了很多次会，分了几个方向进行探索，终于弄清了其中的要点。水润感是一种综合性观感，可以分色彩和质地两部分进行调节，色彩方面偏粉嫩，而质地方面偏透亮，组合在一起就出现了水润感的效果。这个结果出来后，我们非常开心，以为终于可以拿到第一单了，但没想到，D 公司拒绝购买。原来他们得知了我们的方案后，发现色彩调节可以继续使用 B 公司的算法，而质地调节可以自己来做，这样就没有必要购买了。也正是因为这个算法过于简单且没有壁垒，才被人轻易拿走。

经历过几次挫折后，我深深地体会到，不是什么锤子都能拿来用的。如果完全跟着需求走，就会左右摇摆，无法形成自己的核心竞争力。如果方法过于普通，就会面临激烈的市场竞争，很容易被超越和取代。面对竞争，我们必须扬长避短，利用自己的强项来闯出一片天，只有用自己最强的武器，才能立于不败之地。这也使我下定决心，要抵抗住诱惑，坚定不移地将超分算法落地，这也是我进入公司的初心。

5.2　小心棘手的钉子

锤子有了，钉子还会远吗？钉子虽然不远，但不一定都是好的，有些钉子会伤手，可得谨慎小心。

先看看这些离得近的钉子吧。超分算法最直接的应用场景就是视频高清化，也就是将低分辨率的模糊视频变成高分辨率的清晰视频。这在高清显示屏和电影电视行业都是刚需，我们就从这里开始。首先是高清显示屏，我们拜访了业界很有名气的 E 公司，他们对超分算法的需求是很明确的，如果我们能够实时地将 2K 片源放大到 4K 播放，那么他们的 4K 显示屏销量会大增。

当然，这里也有一个重要的约束条件，就是显示器配备的芯片。出于成本的限制，这些芯片的存储和处理能力不及手机芯片的十分之一，而且完全不支持并行运算。若要将现有的深度学习算法嵌入进去，那么放大一张 2K 图像需要几分钟之久，根本不可能满足实时要求。芯片内部集成了经过硬件优化的传统超分算法，传统超分算法的效果虽然一般，速度却非常快。经过一番评估，我们发现深度超分算法要想进入显示屏领域，必须搭配全新的芯片，或者额外配置一块 FPGA 或 NPU，但这增加了企业的成本，一时无法实现。我们的算法可以在这里落地，但时机尚不成熟。

如果在线处理无法做到，那离线处理总可以了吧，这就要提到电影电视行业了。F 卫视是著名电台，他们希望将 20 世纪八九十年代的老旧影片进行修复，使它们重返荧幕。这个需求与我们的算法很契合，而且可以用最先进的服务器进行处理，于是我们开始在对方提供的一些样片上进行尝试。

试过才发现，事情远比我们想象得复杂。首先，这些老旧影片存在的问题是非常多样化的，除了分辨率低，还有隔行噪声、胶片划痕、视频模糊、压缩伪影、色彩单调等问题，每一个都不容小觑，我们单是处理隔行噪声就花了半个月的时间。其次，修复老旧影片的关键是恢复清晰的细节。除了影片本身模糊，我们在前期进行去噪时也磨平了细节，这使得经过超分处理后的画面出现了强烈的涂抹感。当时生成模型还没有发展起来，无中生有的技术完全用不上。最后，也是最重要的，深度学习算法需要成对的数据才能训练，而老旧影片根本没有对应的高清视频，这使得我们的深度学习算法无用武之地，只能借助于传统算法，这就又回到了前文提到的困境。深度学习既不能发挥优势，又无法满足对方的要求，我们最终只能放弃。

这其实还是时间点的问题，在其后的几年里，上海人工智能实验室与上海交通大学牵头，联合 G 公司和 H 公司，成功地将我们的算法用到了老电影复原上，说明这件事最终是可以做成的，只是当时的条件还不成熟。

这些钉子虽然砸不动，但还不至于伤手，碰到伤手的钉子更麻烦，这就要提到与 I 公司的合作了。

他们提出的需求是在手机端应用超分算法，既不要求实时，也不需要生成细节，应该是比较理想的场景了。跟我们对接的是他们的研发团队，希望能够将算法嵌入他们的芯片。让我吃惊的是，这些合作者非常专业，不仅看过我的论文，还能问出相当内行的问题。刚进入公司的我并没有太多戒备心，就很耐心地回答了他们关于算法的问题。后来他们竟然把整个团队拉过来问我问题，而且态度非常诚恳，但事后我发现这是一个大"坑"。经过几轮交流后，他们决定给我们一些图像进行尝试，如果算法效果好，就跟我们签订合同。那时我根本不知道前期开发也需要签合同，就傻傻地给人家调效果，希望能够满足要求。

事实是，对方一直没有对效果表示满意，并不断地提出新的问题让我们解决，还跟我们一起讨论解决方案，整个过程他们好像都是跟我们站在一起的。经过几个月的努力，我们给出了符合预期的效果，我想应该可以签合同了，然而就在这时，他们仿佛消失了，给出的理由是要进行内部讨论。这一讨论就是两个月，然后告诉我们算法不满足要求，所以不要了。

更重要的是，不久之后，他们就推出了自己的超分算法，还隆重地发布了新闻……从开始询问我问题，到让我调试效果，再到一起讨论方案，整个过程没有付一分钱。如果我在学校，就不会计较，但我在公司，这是大忌，相当于我出卖了公司的核心技术，让公司承担了损失。我也确实被领导一顿批评，教训惨痛。

事情过去多年，我其实早就原谅了他们，这也是他们的企业文化和市场氛围所致，并没有什么对与错。但我也需要提醒后来者，进入企业后要小心谨慎，给诚实和善良套一层法律的外壳，以免被这样的钉子误伤。

5.3　千锤百炼终得正果

不过，市场这么大，耐心点儿总还是找得到好的钉子的。多亏了商汤几位总裁的努力，让我们跟 J 公司达成了战略合作，共同开发手机里的 AI 摄影产品，同时能充分保障我们的技术安全，接下来的事情就是安心砸钉子了。

砸钉子不仅需要锤子，更需要团队。我们的团队可以说阵容强大、分工齐全，有负责算法调试的富荣、津锦和李璞，负责工程优化的平哥、鲍旭和张枫，有负责产品的林娟、丹丹和智能，还有实习生锐成、周仪和甜甜等，一共十多个人，这期间也有很多同学来实习访问，这里就不一一列举了。每次想起这个团队，我都感觉格外亲切与温馨，好像一个大家庭。我们在将近一年的时间里通力合作、日夜努力，建立了深厚的感情。每天下午我都会带大家一起练习八段锦，每周三晚上我们都会去爬大南山，每个伙伴都认真负责、任劳任怨。没有这样的团队，也不可能有后面的产品。这可能也是我在公司这两年获得的最大的财富了。

下面说一下具体的产品需求。这个产品是手机拍照里的数码变焦功能（如图 5-1所示），也就是将远景放大变清晰。手机镜头背后的传感器像素有限，同时取景范围固定，因此放大局部画面会导致分辨率降低，画面也会越来越不清晰。这样的用户场景与图像超分算法十分契合。

图 5-1　采用定焦镜头拍照时，将 1 倍放大到 5 倍实际上就是把局部图像数码放大

相对于前面的几个项目，数码变焦对实时性要求不高，每次的处理时间在 500ms 以内即可，而手机芯片的处理能力也越来越强，完全有希望达成这个目标。与此同时，数码变焦的摄像头型号是确定的，需要我们处理的照片类型和质量也基本相同，这就给统一的算法提供了可能性。

当然，它也有几个突出的难点要攻克。首先，要处理的图像都很大（分辨率通常为 2K），而卷积操作的计算复杂度强烈依赖图像尺寸，这使得我们只能采用很少的卷积层和很浅的网络。其次，每次拍照都是连拍 6～8 张，然后融合成一张，并同步进行去噪和超分处理，这使得前期的对齐操作非常重要。然后，输入图像在真实场景中的退化（降质类型）是未知的，不能用简单的下采样的方式生成数据。最后，我们的算法没有经过专门的工程加速，无法充分利用手机 CPU 和 GPU 的特点，运行速度受到限制。归纳一下，其实就是网络设计、前后处理、数据采集和底层优化四部分。这一切的总目标就是在 500ms 内完成 4～10 倍的多帧超分算法，且效果超越传统算法。我还记得，在我们刚刚把所有模块调通后，算法在手机中的运行时间是 40s。那真是一个可怕的数字，J 公司的人听成了 4s，还安慰我们"努努力还是有可能成功的"。当我们解释"不是 4s，而是 40s"时，他们的表情很错愕。简单来说，我们的任务就是将算法加速 100 倍，并赶在下一代产品发布前上线（实时处理在工业界十分重要，本章小贴士 1 简单介绍了我们团队轻量化超分算法的系列工作）。

下面我们依次来看这四个部分的改进。首先是**网络设计**，我们粗略估计了一下，要想让超分模型在现有的芯片上运行，网络参数要压缩到 3000 个以下，而且不只是单纯的超分模块，还要包含前面融合去噪的部分，这应该是深度学习史上的最小网络了。这个网络的设计着实费了我们不少脑筋，但好在是我们的强项。为了让它的效果能够灵活调节，我们还加入了可控的 BN 模块，这个创新点也在后来形成了一篇 CVPR 论文（我们团队的可调节的图像修复算法的介绍见本章小贴士 2）。

接下来遇到的问题可就麻烦了，我们发现深度学习算法的效果完全无法与市面上的传统算法抗衡，这也是让我最疑惑的地方。我这几年所做的事情就是使深度学习算法的效果超越传统算法，而且在科研上极为成功，怎么到了实际产品上就完全不一样了呢？不得不说，我也惊讶于当时传统算法所能达到的效果，真是远远超出了深度学习算法，而且速度非常快。后来 J 公司的项目负责人告诉我们，这家做传统算法的 K 企业在国外，规模很小，但已经有十几年积累，早就将各种参数都调到了极致。而我们刚刚进入这个领域，根本不知道里面的"门道"，要慢慢摸索。好在深度学习算法有着无穷的潜力，而传统算法已经接近极限，要想进一步提升效果，还得靠深度学习算法，这也是 J 公司愿意投入精力与我们共同开发的原因。经过认真的对比和研究，我们发现我们与传统算法的差距主要在**前后处理**上。前处理的对齐操作是超分算法的基础，也是多帧去噪的核心。对齐算法属于传统算法，我们并不熟悉，需要从头学起，而且现成的对齐算法多有瑕疵，需要不断改进。同时，后处理算法也不容小觑，一个简单的锐化操作就可以大幅提升视觉效果，如图 5-2 所示，经过处理，熊猫的毛发和树干纹理看起来更清晰可辨。但锐化也讲究技巧，不能全图都做相同的锐化，而要根据内容进行自适应处理。

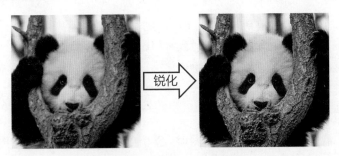

图 5-2　锐化能使图像看起来更清晰可辨

事实上，在这两个模块上我们只能尽力跟上 K 公司，但完全没有优势。要想超越传统算法，还得发挥深度学习的力量，而训练数据就成了其中的关键。

早期的超分算法都依靠特定的下采样生成数据，但这样生成的低分辨率图像与真实拍摄的照片差异很大，无法让网络学到准确的信息。为了解决这个问题，我们提出了新的**数据采集**方案，即用手机拍摄真实的高低分辨率图像，将其对齐后当作训练数据。实际上这样的数据对也不容易得到，如果用两个手机拍摄，就会出现视差，如果用一个手机分时拍摄，就会出现场景抖动。我们尝试过拍摄室内的照片和显示屏，也试着精确地控制两个摄像头的拍摄角度。另外，为了让高分辨率图像没有噪声，我们还要同时拍摄多张照片进行融合去噪。最终，我们总结出了一套完整的拍摄方案，采集了几百对高低分辨率图像，并制作了新的数据集，这才让深度学习算法追上了传统算法，我们也终于拥有了一决高下的底气。

还剩最后一个部分——**底层优化**，这也包括两个层面，一个是流程调度优化，充分利用 CPU 和 GPU 的能力，将不同的算法步骤放到不同的线程上处理；另一个是深度学习算子优化，将卷积、上采样等操作结合芯片结构进行加速，这也是商汤的底层加速团队所做的事情。他们的工作相当专业，没有他们的助力，我们难以成功。这样一通操作下来，我们终于实现了预期的目标，处理时间缩短到 500ms 以内，回想起来，真的不容易！那时我们每天要开两次组会，一次是早上 10 点，一次是下午 5 点，真是非常辛苦。好在功夫不负有心人，算法最终应用在 J 公司的产品上，我们也成了首个基于深度学习的数码变焦软件的开发者，成功实现了从算法研发到产品落地的全链条创新。

除了完成前面的三步，我还额外做了第四步，也就是反思。其实，整个算法的落地过程还有很多值得思考的地方，其中有一些是让我选择离开公司的原因。

首先，为落地而进行的算法研发并不能完全按照客观的规律进行。具体而言，我们的算法落地有着非常明确的时间要求，就是要赶上 J 公司下一代产品的发布。为了保证目标的达成，J 公司会要求我们的团队到他们公司驻场，也会经常检查我们的进度，并不断提出改进意见。这本来没有什么问题，但由于算法研发不是一个线性的过程，中间可能出现方案的调整，甚至推倒重来，这样就不可能保证每次都有效果的提升。而且，推倒重来要冒很大的风险，也许连之前的效果都达不到，而延续前面的方案，至少还有谈判的空间。

事实上，我们确实遇到了这样的困境，整个工程代码刚开始构建的时候并没有考虑后续的一些操作，但当进展到一定程度时，这套工程代码就变得效率低下，需要重新设计和构建了。然而，重构代码需要接近两周的时间，这在交付的关口是难以接受的，而且重构会出现许多不可控因素，一旦失败就要付出很大的代价。因此，为了保证正常迭代，我们不得不在低效的代码下进行调优，这也极大地制约了算法的能力。

就像爬山一样，如果爬到一半发现旁边还有更高的山，就要先下山再上山，如果无法承担下山的风险，就永远无法爬上最高的山。不仅如此，还会耽误很多精力在原来的山上打转。

这个现象在国内的产业界非常普遍，很多企业为了应对某个短期的时间节点，不得不采用二流、三流的方案。这些企业虽然短期内获得了收益，但要想做得更好，就必须重新打地基，再经历漫长的低谷期。很少有人愿意这样做，也很少有企业敢于这样做，因为打地基需要的时间很长、风险很大，如果不能持续有收益，就可能被淘汰出局。这样一来，我们做的产品就会很浮躁。为什么我们这么多年仍没有做出一流的芯片和发动机？我认为一个很重要的原因是没有花时间好好打地基。要打地基就不能着急，就不能想着马上看到效果，就不能受市场影响，更不能经常改变方向。

若是天天想着两年出产品、三年盈利、五年"赶英超美"，就会一直停留在做表面功夫上的事、做容易的事、做快速出效果的事、做拔苗助长的事，虽然两年就能看到效果，但再过五年还是那样，因为没有根基！

除此之外，当时公司刚刚创立，资源十分有限，内耗、外耗也非常严重，说白了就是要抢资源。作为部门负责人，对内要为团队争取资源，对外要与对手竞争资源，对上要为领导节省资源，对下要向员工承诺资源，这几样都做好了才算成功。这可不容易，我们做研究的那点儿本事根本不够用，进入社会得重新学起。

老实说，我学得并不开心，也不快乐。就对内而言，我们与其他团队的关系非常微妙。整个公司就一个底层优化团队，要负责各种产品线的交付，如果让他们帮忙，就得通过上层领导的调度。这就出现了资源分配的问题，各个团队都想得到底层优化团队的支援，谁得到了谁就有产品输出，也就能生存得更好。我本不想争，但如果不争，算法就得不到优化，也就无法落地。同样的道理，GPU 服务器是资源，正式员工的名额是资源，工位空间也是资源，无论哪一种资源都是有限的，只能靠实力说话。

再说对外，我们作为创业公司，研究员也要见各种客户，要尽可能地展示自身实力、打造形象、争取项目机会。这个过程如果能实事求是也还好，关键是竞争对手早就把自己"吹上了天"，我们要示弱了，就不可能接到单。这点让我相当不适应，明明不能做的事，还得去承诺，自己给自己"挖坑"，给员工带来巨大的压力，实在于心不忍。当然，后来很多谈判不需要研究员出面了，也就避免了这种情形。我们公司的领导层大多是学者出身、通情达理、聪明干练，这点相当难得。而我的团队成员也都踏实努力、互助团结、积极乐观，这也让我相当感恩。

我对领导就像对老师，对员工就像对学生，因此我发现自己还是更适合学校的氛围。在那里，我可以真心地对待每一位学生，实事求是，无须画饼，对外不用虚情假意，不争不抢，对内不做无用功，不急不躁，何乐而不为呢？

从算法到产品的故事到这里就结束了，我也如愿以偿地回到了学校，回归了科研的初心。但这段经历还是给了我很多收获，当有学生再问起要不要去企业发展时，我通常建议他们勇敢地尝试，只有试过之后才能找到自己的位置。我也有很多朋友在公司里发展得很好，他们的情商提升得很快，也开发了许多优秀的产品，是社会需要的栋梁之材。所以，没有最好的地方，只有最适合你的地方，你需要自己去体验、去判断、去选择。最后，我希望大家无论去到什么岗位，都能保持一颗真诚的心，做一点儿实在的事，交一些善良的人，创造一些属于自己的美好。

 小贴士 1　轻量化超分算法的系列工作

想要将算法运用在实际生活中，除了满足用户的不同需求，又好又快也是我们追求的目标。遗憾的是，一般而言，算法的速度和性能如同鱼与熊掌——不可兼得。

如果拍一张照片需要等待 40s，那么再精美的效果想必也不会受到大众的青睐；又或者算法满足实时性要求，但效果太差，那么这样的产品当然也不会得到市场的认可。实时处理要做的就是在性能可接受的前提下，将运行速度不断提升。这里补充一下，在算法不变的情况下，在硬件平台和编程语言等方面，针对特定操作或者算子的优化技巧也能提升运行速度，但这部分不是本书关注的重点。

我们还是从 SRCNN 说起。SRCNN 的网络输入其实是一张通过插值方法放大而来的图像，这就意味着后续卷积的计算都是在高分辨率的尺寸下进行的。而在网络参数量一定的情况下，输入图像的分辨率对计算量的影响非常大。我们在 2016 年提出的 FSRCNN 中将图像的上采样操作放在网络的最后一步，这意味着前期的网络计算将在低分辨率下进行。以 4 倍超分为例，原来 256 像素×256 像素的计算区域将缩减到 64 像素×64 像素，这样做大大降低了计算量。而上采样使用反卷积（Deconvolution）层代替插值，同时，为了继续加速，FSRCNN 在映射的开始添加了一个压缩层将特征图的通道数减少，将大量卷积操作的通道数限制在一个较低的水平上，再使用一个扩张层增加通道。新结构的形状看起来像一个沙漏，整体上是对称的，两端厚、中间薄。其实，SRCNN 与 FSRCNN 的模块可以一一对应，如图 4-6 所示。使用反卷积后，上采样代替了插值的前上采样，FSRCNN 将 SRCNN 加速了近 40 倍，性能也有所提升。除了上采样使用反卷积，同期提出的 Pixel Shuffle[26]技术如今也被广泛使用，它按照特定的规则对张量元素进行重排来提高分辨率，如图 4-5 所示。

RCAN 引入注意力机制后，与注意力机制相关的研究取得了很大的成功，RNAN[53]、SAN、HAN 等基于注意力机制的方法不断刷新模型的性能。注意力机制关注重点区域的思路也非常适合实现网络的轻量化。通道注意力通过空间池化将之前的特征浓缩为一个向量，空间注意力通过通道池化将多张特征图浓缩为一张特征图，这样稍显粗糙的方式在高层视觉任务中或许没有太大影响，但在像素级的 SR 任务中效果较差。

因此，我们团队提出的像素注意力（Pixel Attention）机制致力于在像素层面上高效地提取特征。它结合了通道注意力机制和空间注意力机制的特点，设计了如图 5-3 所示的像素注意力机制。为了保证模块的轻量，像素注意力机制仅使用一个 1×1 的卷积和一个 Sigmoid 激活函数，输入特征的维度和权重维度一样，每个像素都有其对应的权重。

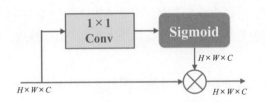

图 5-3　像素注意力机制结构图[46]

　　由于特征以像素方式相乘，所以我们将这种修改后的注意力方案称为像素注意力，对应的网络称为像素注意力网络（PAN[46]）。如图 5-4 所示，对于通道注意力，单通道上特征图的每个位置使用的都是同一个权重；对于空间注意力，不同通道上的特征图使用的是同一套空间权重；对于像素注意力，不同通道和不同空间上的像素有各自的权重。和其他注意力机制相比，像素注意力机制高效地构建了 3D 特征向量，使用了像素注意力机制的 PAN 在 2020 年的 AIM 高效超分比赛中取得了第二名的成绩，并且是所有参赛算法中参数量最少的。

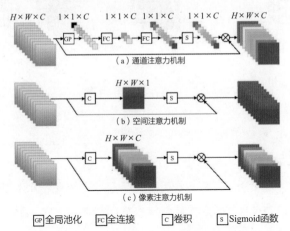

图 5-4　通道注意力机制、空间注意力机制与像素注意力机制[46]

　　除了更高效的网络机制，卷积计算本身也有一些可优化的空间。深度可分离卷积被广泛用于许多计算机视觉任务中，它将标准卷积在空间和通道维度的计算进行分解，对卷积操作本身进行优化，通过减少标准卷积中的冗余计算实现对整体网络计算的压缩。

　　我们团队在 NTIRE 2022 中提出了一种基于蓝图可分离卷积与注意力机制的图像超分辨率方法 BSRN[40]，取得了第一名的成绩。这些卷积的计算过程如图 5-5 所示。对于图中的输入和输出来说，标准卷积需要 K^2MN 个参数（图例为 3×3×3×4=108）；深度可分离卷积只需要 $K^2M + MN$ 个参数（图例为 3×3×1×3 + 1×1×3×4=39）；

蓝图可分离卷积也只需要 $K^2N + MN$ 个参数（图例为 1×1×3×4 + 3×3×1×4=48）。可以看到可分离形式的卷积在标准卷积的计算方式上进行了改进，大大降低了参数量和计算量。

除了之前介绍的网络剪枝、知识蒸馏等轻量化技术，NTIRE 和 AIM 长期举办的轻量化图像修复比赛也有非常多优秀的成果，对这方面感兴趣的读者可以自行查阅比赛报告。

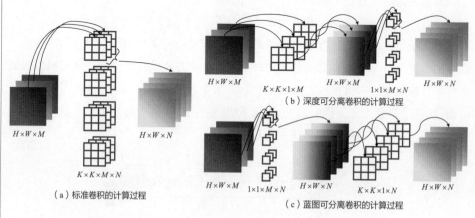

$H \times W \times M$

$K \times K \times 1 \times M$　$H \times W \times M$　$1 \times 1 \times M \times N$　$H \times W \times N$

（b）深度可分离卷积的计算过程

$K \times K \times M \times N$　$H \times W \times N$

$H \times W \times M$　$1 \times 1 \times M \times N$　$H \times W \times N$　$K \times K \times 1 \times N$　$H \times W \times N$

（a）标准卷积的计算过程

（c）蓝图可分离卷积的计算过程

图 5-5　标准卷积的计算过程、深度可分离卷积的计算过程和蓝图可分离卷积的计算过程

 小贴士 2　可调节的图像修复算法

大多数算法与实际场景的需求有一定的偏差。例如，去噪算法针对特定噪声水平和类型训练，但现实中不可能只有固定的噪声。这些网络通常只针对某类任务，而需求灵活多变，如果根据需求重新训练网络，则成本过高，两者的不匹配导致最终效果不尽如人意。图 5-6 展示了去压缩伪影（DeJPEG）任务，一张品质为 q30 的压缩图像如果使用由 q80 图像训练的网络处理，则最终结果带有噪声；而如果使用由 q10 图像训练的网络处理，则结果过于平滑，损失了细节。[54]

更进一步，现实生活中我们希望根据不同需求连续调节结果，而不是离散地获得不同网络输出的不同结果。因此，我们团队提出了自适应特征调整技术。

如图 5-7 所示，对处理不同水平噪声的网络 ARCNN[55]的卷积核进行统计观察，两者在视觉上十分相似，只是权重的均值和方差有差异。我们希望学到一个新的卷积核 g，能让 $g \otimes f_{15} = f_{50}$，于是采用以下损失函数。

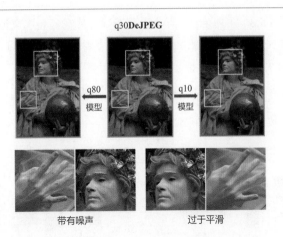

图 5-6　输入图像压缩水平与网络针对的压缩水平不一致导致网络效果变差[54]

$$L = \left\| \boldsymbol{f}_{50} \otimes \boldsymbol{x} - (\boldsymbol{g} \otimes \boldsymbol{f}_{15}) \otimes \boldsymbol{x} \right\|^2 = \left\| \boldsymbol{f}_{50} \otimes \boldsymbol{x} - \boldsymbol{g} \otimes (\boldsymbol{f}_{15} \otimes \boldsymbol{x}) \right\|^2 \tag{5.1}$$

其中，$\boldsymbol{f}_{15}$ 与 $\boldsymbol{f}_{50}$ 分别代表 ARCNN 在噪声水平 σ=15 和 σ=50 下训练的网络参数。这样，通过卷积核 $\boldsymbol{g}$ 可以建立起 ARCNN$_{15}$ 与 ARCNN$_{50}$ 的关系。

$$f_{\text{mid}} = \boldsymbol{f}_{15} + \lambda(\boldsymbol{g} - \boldsymbol{I}) \otimes \boldsymbol{f}_{15}, 0 \leqslant \lambda \leqslant 1 \tag{5.2}$$

其中，$\boldsymbol{I}$ 为实现恒等映射的卷积核，λ 为插值权重。当 λ=0 时，$f_{\text{mid}} = \boldsymbol{f}_{15}$；当 λ=1 时，$f_{\text{mid}} = \boldsymbol{g} \otimes \boldsymbol{f}_{15} = \boldsymbol{f}_{50}$。$\lambda$ 在[0,1]的取值对应着从 $\boldsymbol{f}_{15}$ 到 $\boldsymbol{f}_{50}$ 的连续变化，因此实现了网络参数的可连续调节。

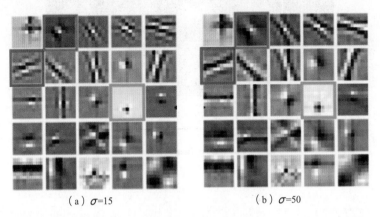

（a）σ=15　　　　　　　　　　　（b）σ=50

图 5-7　在不同噪声水平下训练的网络卷积核具有相似性，尤其是标注的卷积核[54]

如图 5-8 所示，训练时先在起始图像退化水平（例如 σ=15）上正常训练一个基础网络，随后在这个基础网络部分卷积后加入自适应特征调整层 AdaFM[54]，该层的卷积核便是式（5.2）中的 g。只需要固定基础网络在起始图像退化水平上学习好的参数，再重新在最终退化水平（例如 $\sigma=50$）上训练，即只学习 AdaFM 层参数，就可以实现 $(g \otimes f_{15}) = f_{50}$ 的目标。

后续测试阶段如图 5-9 所示，通过调节插值权重 λ 可以连续地获得不同的效果，最后选取最符合使用者需求的那一个即可。

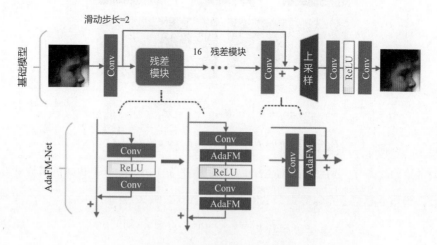

图 5-8　基础模型及 AdaFM-Net[54]

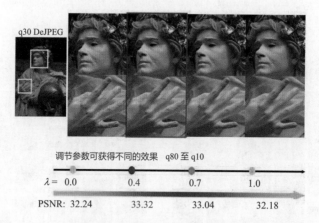

图 5-9　调整 λ 值可以获得不同的效果[54]

在 ECCV 2020 上，我们团队在论文 "Interactive Multi-Dimension Modulation with Dynamic Controllable Residual Learning for Image Restoration" 中进一步提出了 CResMD[56]技术，从多维度对图像进行调节。

单维（Single Dimension，SD）调节假设图像的退化类型只有一种，只是程度上存在差异，而在复杂的现实世界中，图像很可能存在噪声、模糊等多种退化。之前的 SD 调节只能在 x 轴和 y 轴上进行，模糊和噪声只能消除一种。而多维度（Multi-Dimension，MD）调节如图 5-10 所示，可以同时处理两种退化，得到最佳恢复效果。

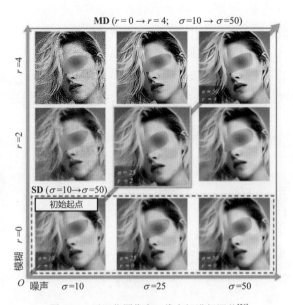

图 5-10　对退化图像在二维空间进行调节[56]

为了使同一套网络参数处理不同退化类型和水平的图像，我们同样想通过一个权重 α 控制网络。在这篇论文中，我们提出了可控制的残差模块。首先回顾普通的残差连接：

$$Y = f(X, W_i) + X \tag{5.3}$$

其中，X 和 Y 为残差连接的输入和输出，$f(X, W_i)$ 为经过网络映射后的残差特征。在普通残差连接的基础上，我们对残差特征赋权 α，控制这一部分的信息，即

$$Y = \alpha \cdot f(X, W_i) + X \tag{5.4}$$

这样便可以在网络大体不变的情况下，通过控制权重 α 来实现不同的输出。当 $\alpha=0$ 时，网络将退化为一个恒等映射（Identity Mapping）；当 $\alpha=1$ 时，网络将实现完整功能，如图 5-11 所示。

图 5-11　根据 α 的不同，网络将产生不同的结果[56]

现在关键的问题是，如何让 α 的取值符合我们的要求。在 CResMD 中，我们设计了一个可以根据图像的退化水平自行决定权重的状态网络，如图 5-12 所示。在网络输入阶段，我们需要输入网络的退化水平（例如模糊水平和噪声水平[$r=2$，$\sigma=30$]），再根据它们在设定好的退化可处理范围（例如 $r=0 \to r=4$、$\sigma=0 \to \sigma=50$）内所处的位置得到状态向量（例如[0.5,0.6]）。残差控制权重 α 完全由状态向量经过全连接层学习获得。

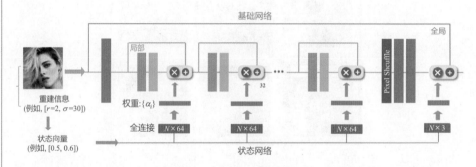

图 5-12　CResMD 网络结构图[56]

最终如图 5-13 所示，准确的状态向量可以产生最佳的效果。

图 5-13　二维调节得到的不同结果[56]

第6章
无中生有的真相与假象：
论生成式图像复原

现在请你闭上双眼，回想一下蒙娜丽莎的画像，你曾经无数次见过这幅画，但可曾真的记住那神秘的笑容？刚开始，你似乎"看"到了她，也"看"到了她的眼睛和头发，于是产生了错觉，那就是蒙娜丽莎。但是，请你再仔细"看"一下，你真的能"看"清她的眼睛吗？真的能"看"到眼球的颜色吗？是单眼皮还是双眼皮呢？还有那些色彩、纹理和细节，以及背景、衣服和材质，有哪些可以如实地呈现呢？你会惊奇地发现，我们根本无法"看"清它们，脑海中只有一个模糊的影子在若有若无地笑着，而我们又无法确定到底是不是这个笑容。如果我们集中精力努力想，渐渐地也可以"看"到一些细节，有些人甚至可以"看"到清晰的色彩和笔触，仿佛那就是真的蒙娜丽莎。但请你再看一眼蒙娜丽莎这幅画，你会惊奇地发现，它的大部分细节和你脑海中浮现的不一样！

在上面的过程中，我们的大脑里发生了什么呢？当我们最开始回忆蒙娜丽莎的时候，大脑里出现了蒙娜丽莎的模糊影像，这其实是大脑的识别功能。这个模糊影像是如何产生的呢？我们最初见到蒙娜丽莎的画像时，大脑会根据语言提示（如神秘的微笑）提取相关信息，将一幅完整的画抽象成模糊的特征图，然后与蒙娜丽莎这个名字对应起来，并存储。当我们再次提到蒙娜丽莎时，大脑就会出现相应的特征图，而不是原始的画像。当我们进一步回忆这幅画的细节时，相当于在特征图的基础上补全信息，将像素复原。这对大脑来说非常困难，原始图像的信息量可能是特征图的数十倍，未经过训练的大脑根本无法完成这个任务。当我们集中精力时，也能将部分细节想象出来，但那并不是在复原真实信息，而是根据特征图进行的想象和再生成（如图 6-1 所示）。因此，当我们再看原图时，就会发现其与大脑中的形象完全不同。

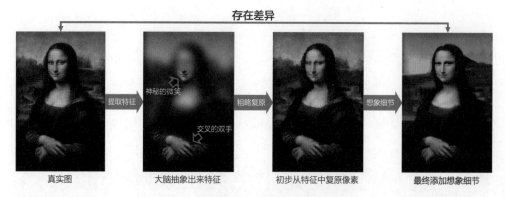

存在差异

提取特征　　　粗略复原　　　想象细节

神秘的微笑

交叉的双手

真实图　　　　大脑抽象出来特征　　　初步从特征中复原像素　　　最终添加想象细节

图 6-1　从真实图到想象生成图的过程

上面 3 个过程分别对应了计算机视觉领域的 3 个经典任务：图像识别、图像复原和图像生成。对人的大脑来说，图像识别比较容易，图像复原相当困难，图像生成介于两者之间。这可能与大部分人的感觉不同，我们很容易认为大脑擅长处理所有的计算机视觉任务，而人工智能算法的核心目标就是超越人类。但事实上，大脑只擅长处理高层视觉任务，对以图像复原为代表的底层视觉任务，算法其实一直做得比大脑好。我们之所以认为算法不够好，是因为我们有原始图像作为参考。根据大脑思考的过程我们还可以知道，图像复原几乎是不可能完成的任务，因为绝大多数丢失的信息是无法找回的。可以想象一下图 6-2 展示的情况，通过人脑把猫脸的细节原样想象出来是多么困难。

图 6-2　图像细节一旦丢失，恢复原貌几乎不可能

要想得到有细节的清晰图像，就必须借助图像生成的过程。图像生成往往难以一蹴而就，需要通过多次复原（如超分和去噪），才能在模糊的概念图中生成逼真的细节。因此，复原与生成从一开始就相爱相生、相互成就。下面我就带大家走进生成式复原的大门，一窥它的原理和奥义。

6.1　什么是生成式复原

我们首先产生的疑问是：既然生成对复原如此重要，那么不是所有的复原算法都应该具备生成能力吗？为何会有独立的生成式复原算法分支？

实际上，几乎所有以机器学习为基础的图像复原算法都具备生成能力，否则无法输出完整的图像。无论是只有 3 层卷积网络的 SRCNN，还是具有百亿个参数的超大模型 SUPIR[57]，都是在有损图像的基础上根据数据先验生成新的像素，而不是复原图像的原始信息，因此它们都属于生成的范畴。然而，传统复原算法更重视解的准确性和唯一性，强调输出像素要符合训练数据的统计特征，最好满足无偏估计，这样就能在最大程度上保证复原信息的可靠性。也正因如此，传统复原算法输出的图像往往显得平滑简单、缺乏纹理，具有涂抹感，如图 6-3（a）所示。相对地，生成式复原算法则将生成能力放到最重要的位置上，坦然承认虚假和幻化，只为追求完美的画质。它生成的图像清晰逼真、细节丰富，更符合人们对图像的期待，如图 6-3（b）所示。

（a）传统复原算法 SRCNN 复原效果　　　　（b）生成式复原算法 SUPIR 复原效果

图 6-3　传统复原算法 SRCNN 复原效果和生成式复原算法 SUPIR 复原效果

相应地，这两者的应用领域也截然不同：前者可以应用在对准确性要求较高的专业图像领域，如医学图像、卫星图像、监控图像等；后者则偏向于对画质要求较高的娱乐图像领域，如高清电影、手机拍照、虚拟现实等。由于生成式复原具备更高的上限，更能体现底层视觉算法的最高水平，因此受到了学术界更加广泛的关注。

6.2　生成式复原是如何诞生的

在深度学习出现之前，并没有生成式复原这个说法，因此我们直接从深度学习出现之后的算法讲起。最早在图像复原中获得成功应用的算法是 SRCNN（2014 年），它利用全卷积神经网络，将以往图像分类中"判别式模型"的范式迁移到图像超分辨率中。所谓判别式模型（Discriminative Model），顾名思义就是判断区别输出点的位置，计算的是从输入 x 到输出 y 的条件概率 $P(y|x)$，其典型应用就是分类和识别。对应到图像复原中，就是估计每个像素的数值。严格来讲，连续的数值估计是回归问题，但由于数字图像的像素是离散的，因此也可以将判别式模型看作在每个像素位置进行

3×2^8（通道数×二进制[比特数]）的分类，既然是分类，那么输出的结果就是固定不变的。判别式模型在计算机视觉领域大获成功，引领了整个高层视觉的发展，也带动了部分底层视觉的应用。但底层视觉与高层视觉不同，它还需要与像素更加密切的算法来辅助，这就是生成式模型。

生成式模型（Generative Model）诞生的时间并没有比判别式模型晚太多，早在2013 年，变分自编码器（Variational Autoencoder，VAE[58]）就被提出，2014 年，生成对抗网络（Generative Adversarial Networks，GAN[59]）被提出。但生成式模型的发展明显滞后，主要原因是其训练不稳定、门槛较高，而且图像生成的发展还处于起步阶段，在当时并没有引起广泛关注。也正因如此，基于生成式模型的图像复原算法直到2017 年才出现，也被应用在图像超分领域，即超分辨率生成对抗网络[14]（Super Resolution Generative Adversarial Networks，SRGAN）。相比于之前的超分算法，SRGAN成功地展示出"无中生有"的能力，可以生成细节更加丰富锐利的图像，SRGAN 与SRCNN 的对比如图 6-4 所示[①]，GAN 技术的引入让人们开始关注视觉感知质量的图像超分辨率，而不再把提高 PSNR 等量化指标作为唯一评价标准。

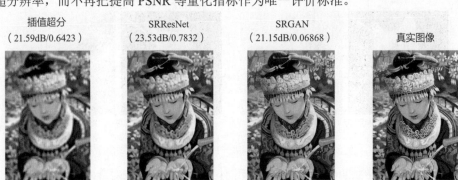

插值超分   SRResNet   SRGAN   真实图像
（21.59dB/0.6423） （23.53dB/0.7832） （21.15dB/0.06868）

图 6-4 尽管 SRGAN 的参考指标 PSNR 和 SSIM 比传统复原算法要差，但它获得了更多细节[14]

随后，为了推动生成式算法的发展，苏黎世联邦理工学院在 ECCV 2018 上举办了首届感知图像超分比赛，并用无参考图像评价指标（NIQE 和 PI）对算法进行排名。在这次比赛中，ESRGAN[60]（Enhanced SRGAN）脱颖而出，获得了最佳的图像质量和无参考指标分数，并成为未来几年的标杆算法。从此以后，图像复原沿着两条路线同步发展，一条是以判别式模型为主的传统复原算法，另一条是以生成式模型为主的生成式复原算法，它们也在相互借鉴、共同进步。

6.3 生成式模型和判别式模型有什么区别

从功能上讲，两者自然不一样，判别式模型用来判别，而生成式模型用来生成（两

---

① 括号中分别为 PSNR 和 SSIM 的值。

者的讨论可见本章小贴士 1）。但从深度学习的角度讲，两者的区别就很微妙了。我们知道，无论什么深度学习模型都有一个参数固定的网络，针对特定的输入，会给出特定且唯一的输出。换句话说，模型实现的就是输入到输出的点对点映射，并不存在"一个输入对应多个输出"和"一个输入对应不确定的输出"的情况。因此，无论判别式模型还是生成式模型，都是输入到输出的点对点映射，那它们有什么区别？你可能会问：生成式模型不是可以生成各种不同结果吗（符合同一分布），怎么就成了点对点映射了？没错，在功能层面，生成式模型要生成数据分布，但在操作层面，它做的仍然是点对点映射。我们看最经典的生成对抗网络 GAN，它的功能是生成符合某种先验分布的图像，但它对应的操作是每输入一个高斯向量都输出一个特定且唯一的图像，这就是点对点映射。说到这里，我们的疑问来了：如果生成式模型是点对点映射的，那它是如何实现生成功能的呢？

下面是重点。首先纠正一个普遍存在的误解，就是"生成式模型的功能就是无中生有"。任何模型都不可能无中生有，只是将一种数据分布映射到另一种数据分布而已。如果我们想生成自然图像，就要事先选择一种分布的数据，然后将其映射到自然图像空间。这种被事先选择的分布往往是高斯分布，因为它具有良好的数学特性，方便推导和计算。模型的作用就是将高斯分布中的初始点映射到自然图像空间中的某点，以点对点的方式实现分布到分布的映射，图 6-5 展示了以二维空间为例的映射示意图。

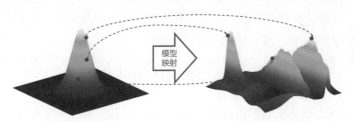

图 6-5　生成式模型将标准的高斯分布点对点映射到复杂的目标自然图像分布

因为任何一种数据分布都可以包含无穷多点，所以分布的概念仍然难以理解，那我们如何保证分布之间的映射呢？这就要说到"采样"的概念。采样就是将连续且无限的数据空间变成离散且有限的数据集合进行研究，将分布到分布之间的转换变成采样点集合到采样点集合的映射。虽然是点对点映射，但我们并不关心每个点是否都映射到了一个特定的点上，而是关心这个集合的点是否都映射到了另一个集合中。因此，我们在训练模型时，并不会约束某一个高斯向量与另一张自然图像一一对应，而是随机采样高斯向量，并判断输出数据是否像一张自然图像。判断的标准有很多，其中GAN 的最原始做法是，用一个判别器进行判断。判别器可以被理解为一个图像分类器，把符合自然图像分布的数据判为 1，不符合的判为 0，然后以此计算梯度进行回传，并更新生成模型。值得注意的是，作为一种特殊的损失函数，判别器与判别式模型的损失函数有根本性的区别。判别式模型损失函数计算的多是输出数据和标准答案之间的距离，而生成式模型损失函数（判别器）计算的多是输出数据是否落在特定区域，如图 6-6 所示。图像超分中生成式模型损失函数与判别式模型损失函数的差异见本章小贴士 2 的讨论。

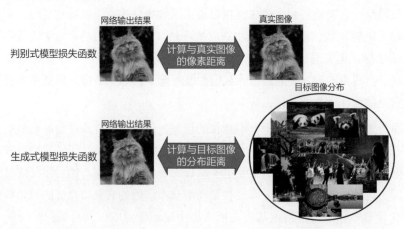

图 6-6　判别式模型关注样本之间的关系，生成式模型关注样本与分布之间的关系

这样我们就能理解，生成式模型能实现生成功能的核心就在于"采样策略"和"损失函数"，它们都属于训练策略。通过改变训练策略，我们让生成式模型与判别式模型产生了功能上的差异，从而诞生了两种算法路径。

6.4　生成对抗网络的原理和局限是什么

生成式模型必须从生成对抗网络 GAN 说起，这可是 2021 年之前最"火"的技术，它让图像生成从众多的计算机视觉任务中"出圈"，也将生成的效果推向了前所未有的高度。生成对抗网络的基本原理就是让训练变成一个博弈游戏，一方是生成器 G（Generator），负责攻击，另一方是判别器 D（Discriminator），负责防守（GAN 的一般框架见本章小贴士 3）。

生成器的目标是生成逼真的图像，"骗"过判别器；而判别器的目标是识别出生成的图像，检验生成器。在训练过程中，生成器和判别器都是在不断优化的，当我们固定判别器时，就能优化出让判别器难以识别的生成器；而当我们固定生成器时，就能优化出让生成器难以过关的判别器。两者在迭代过程中共同成长，达到一个理想状态：生成器生成的图像如此真实，完全符合自然图像分布，使得判别器无法识别出生

成图像 $D(x) = 0.5$。这个过程非常有趣，而它的实现方式就是将判别器的输出作为损失函数，通过迭代优化让判别器和生成器共同成长，从而促进生成效果的不断提升。讲明白基本原理后，还是建议读者阅读 "Generative Adversarial Nets"[59]的论文原文，这是任何论文解读都无法取代的。这篇论文不仅思路清晰、论证严谨，还有一个分布到分布之间拟合的例子，可以帮助读者理解。更重要的是，它有详细的数学推导过程，可以证明这种迭代优化的方式确实可以收敛，并有可能达到理想的全局最优解，这也是科学研究的精华所在。

生成对抗网络的工作原理不难理解，但要想实现理想的状态并不容易。首先，生成器和判别器必须均衡发展，任何一方过强或过弱都会导致"游戏"提前结束。例如判别器十分强大，以至于生成的所有结果都被准确判别，也就是它对所有自然图像的判别值都是 $D(x) = 1$，对所有生成图像的判别值都是 $D(x) = 0$，这样的判别结果会导致训练损失无限大（因为损失函数取了对数 $\lg(D(x))$），从而导致训练崩溃，让生成器陷入"自暴自弃"的停滞状态。相反，如果判别器十分"弱小"，以至于生成的所有结果都"骗"过了它，它就无法产生任何有变化的损失，同样会让生成器陷入"自大无知"的局部最优解。只有当生成器与判别器"半斤八两"时，它们才能一起进步，优化过快或过慢都会导致双方能力不均衡，这就给生成器和判别器的选择和训练带来了困难。其次，生成器和判别器本身并不完美，生成器主要由单向的卷积神经网络构成，它能生成的图像是有上限的，可以在人脸生成这样的受限生成任务上达到极高的精度（如 StyleGAN 系列[61]），但它在多人多物体生成的场景中的表现差强人意。同样，判别器也存在局限性。普通的判别器是简单的二分类网络，这样的网络很难精准地圈定自然图像空间，只能给出大概的分类结果，经常将纹理和噪声混淆，从而影响生成细节的真实性。生成器和判别器的优化策略也限制了它们的进步。生成器和判别器都需要设定合理的损失函数进行梯度回传，也因此对损失函数非常敏感，不合理的权重和迭代步数都会导致训练崩溃。更重要的是，即便模型收敛了，生成器也很容易陷入模式坍塌，也就是生成的图像都差不多，缺乏自然图像应有的多样性。这点也很容易理解，因为判别器只管生成的图像是否真实，并不对多样性负责，哪怕生成的图像一模一样也是可以的。所以，生成器和判别器的优化策略决定了生成对抗网络很难遍历整个自然图像空间，也就催生了下一代的生成算法——扩散模型。

6.5　扩散模型的原理和局限是什么

起初，扩散模型（Diffusion Model）并不是生成对抗网络的对手。它的原理复杂，公式繁多，推理速度慢，生成效果也并不惊艳。试想一下，起步阶段的扩散模型（DDPM[62]）要迭代 1000 步才能推理出一张图像，根本不可能用于实际。因此在 2020

年被提出来后，扩散模型并没有受到广泛关注。萌芽状态的创新往往因稚嫩弱小而被人忽视，但它如果凭借无法被忽视的优点得以存活，这个优点就将被无限放大，直到吸引了所有人的目光，到那时，自然会有人来弥补它的缺点，让它走得更快、更远。对于扩散模型，这个无法被忽视的优点就是稳定性和遍历性，这也是生成对抗网络无法克服的局限性。为了进一步了解这个优点，我们需要简单回顾一下扩散模型的基本原理。

我仍然尝试用最简单的文字描述，帮你省去所有的公式困扰（公式化的讲解见本章小贴士 4）。我们知道生成式模型的目标是将输入信号（也被称作噪声）从高斯分布映射到自然图像分布。而扩散过程是相反的，它通过加噪将自然图像分布变为高斯分布。所谓扩散，就是两个分布之间相互渗透的过程。我们假设起始点是一张自然图像，它满足自然图像分布，然后我们用高斯分布渗透它，也就是在自然图像上加高斯噪声。当我们加的噪声均值为 0 且方差很小时，图像就会因为扰动而变得模糊不清，但内容还是可见的。我们持续这个加噪的过程，每次只加一点点，那么图像的内容就会逐渐被噪声覆盖，当进行了成百上千步后，图像就变成了高斯噪声，难以被识别。这就是扩散模型的正向加噪过程。而生成过程是将它反过来，通过在高斯噪声上一点点地去除噪声，而逐步恢复出自然图像，也就是实现了从高斯分布到自然图像分布的转换（如图 6-7 所示）。

图 6-7　扩散过程及生成过程示意图

由于每一步都依赖上一步的结果，就形成了一个经典的马尔可夫链，可以通过条件概率分布进行数学推导。这个过程同样不难理解，但有一个问题要单独强调：为什么每次只加一点点高斯噪声，加很多次，不能一次加到位吗？这个问题是扩散模型成功的关键。假设我们一次性加一个很大的高斯噪声（方差很大），直接将图像覆盖，那么得到的图像是不是理想的高斯噪声？答案是否定的。假设输入信号是自然图像 x，加入的噪声符合高斯分布 $\mathcal{N}(0,\sigma)$，那么两个信号叠加的分布就是 $\mathcal{N}(x,\sigma)$。在这个结果中，自然图像变成了噪声的均值，使得输出的信号不是均值为 0 的高斯噪声。如此一来，我们就无法模拟纯粹的高斯噪声到自然图像的反向生成过程。

相反，如果我们一点点地加高斯噪声，就可以逐渐削弱自然图像的影响，直到完全消失。假设第一次加噪后输出的分布是 $\mathcal{N}(\alpha x,\sigma)$，其中 $0<\alpha<1$，后面每一次加噪都在原来的基础上乘一个小于 1 的系数 α，那么当加的次数足够多时，α 的乘积就会

趋近于 0，也就使得高斯分布的均值趋近于 0。如此一来，自然图像的信息就被逐渐分解到噪声中了。注意，这里用的词是"分解"，而不是"覆盖"或"消去"。分解代表图像的信息还在，只是分散到各处的噪声中。覆盖则是将图像暴力隐藏，我们看不到图像，但不代表图像不存在。就像水印一样，人眼虽然看不到，算法却可以轻松地将其检测出来。而消去意味着图像信息已经不存在了，完全变成了噪声。如果图像信息不存在了，就不可能从噪声中复原出图像，加噪过程也就失去了意义。因此，扩散过程的关键就是将图像信息逐渐分解到噪声中，最后变成均值为 0 的高斯噪声，如此才能建立两个分布之间的连接。同时，要知道扩散模型的迭代步数不是简单的十次二十次，而是几百上千次，相当于将同一个去噪网络推理上千次才能得到一张图像，这在扩散模型诞生之前是难以想象的。在生成对抗网络兴盛的时候，就有类似迭代的思想出现，通过重复生成过程来逐渐优化图像，从而得到更稳定的输出。这里的多次不会超过十次，更不要说千次，那是不可能通过经验想象的，必须依靠理论。正是有了扩散理论，才让我们相信可以用这么多的迭代步骤来生成一张图像。那些理论和公式虽然难懂，却非常重要，它们为我们指明了新的方向，也给了我们向这个方向前进的动力。虽然现在很多扩散模型已经开源，我们不需要学习理论推导也可以训练这些模型，但我还是建议后来的研究者认真阅读和理解那些公式，它们不只是扩散模型的基础，更是科学创新的来源，也是新的理论诞生的沃土。

扩散模型的优点和局限性同样与扩散过程有关。正是由于要迭代很多次，所以推理速度才很慢。但也正因为要迭代很多次，每次都只更新一点点，生成的图像才更加稳定，对训练参数没有那么敏感。同样，由于直接约束两个分布之间的距离，使得生成过程可以尽可能地遍历整个自然图像空间，而不会快速收敛到某个特定解，因此扩散模型具有"稳定性和遍历性"的优点。这个优点的直接结果就是诞生了几个效果非常惊艳的成果，如 OpenAI 的 DALL·E2[63]和谷歌的 Imagen[64]，它们都出现在 2022 年上半年，它们都不约而同地将自然图像的生成效果推向了前所未有的高度，如图 6-8 所示。

图 6-8　DALL·E 2 与 Imagen 模型生成的图像

当效果具有决定性优势时，推理速度就不再是问题了，也就自然会有很多人来帮忙弥补这个缺点。最直接的成果就是 Stable Diffusion[65]，它将以往在图像空间去噪的过程转到了低维的特征空间，大大降低了每次迭代的计算开销。该特征空间就是向量量化生成对抗网络（Vector Quantized Generative Adversarial Network，VQGAN[66]）编码器输出的隐空间，也可以说是借助了生成对抗网络的中间结果进行扩散生成，再将生成后的特征输入生成对抗网络，然后输出最终的图像（图 6-9 对比了图像空间和隐空间去噪的过程），这也是扩散模型和生成对抗网络结合的成功案例。

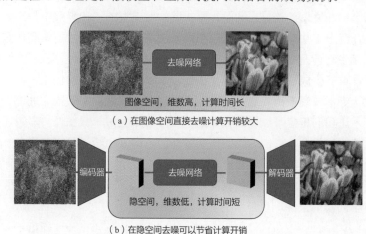

图 6-9   图像空间和隐空间去噪的过程

Stable Diffusion 提升了训练和推理的速度，并开源了模型和代码，大大提升了扩散模型的研究热度。此后，由 Stable Diffusion 扩展的模型不计其数，最经典的算法是 ControlNet[67]，它可以将 Stable Diffusion 扩展到任意条件生成任务上（如图 6-10 所示），并获得了 ICCV 2023 的最佳论文奖。

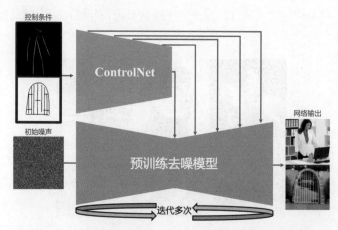

图 6-10   ControlNet 将给定的条件注入去噪过程从而引导输出

除此之外，以往需要推理成百上千步的生成过程，也被压缩到只有几十步，甚至两三步就可以得到还不错的结果。这些进展实际上已经逐渐超越了扩散模型最初的理论框架，向着更加工程化的方向迈进，但这仍然只是理论上的成功。同样的事情也曾发生在二十年前的压缩感知、十五年前的深度学习，以及十年前的生成对抗网络上，它们都来源于理论，却又超越了理论，实际的经验永远会超越数学公式，走得更高、更快、更远。

6.6 扩散模型真的比生成对抗网络好吗

从 2022 年开始，整个学术界都开始倾向于扩散模型的研究，而生成对抗网络被当成了过时的技术，不再受到特别的关注。从热度上讲，扩散模型胜利了。从效果上讲，扩散模型也胜利了。但是，如果问扩散模型是否真的比生成对抗网络好，我还是无法给出确定的答案。事实上，无论扩散模型的效果有多好，热度有多高，我们都无法给出定论。下面我来说说理由。

首先，扩散模型起初并没有展现出比生成对抗网络更好的效果，它一直在努力追赶。从 2021 年的论文 "Diffusion Models Beat GANs on Image Synthesis" [68]就可以看出两个模型的较量，这也是 OpenAI 的早期工作。可以说，在纯粹的图像生成任务上，扩散模型并没有比生成对抗网络更好，至少没有好太多。但这一切在 2022 年发生了改变，DALL·E2 和 Stable Diffusion 取得了颠覆式的突破。不过，它们做的并不是单纯的图像生成，而是文生图，也就是通过文字生成图像，这两个任务并不相同。将文字作为外加条件，可以让生成的语义更加精确，也可以更好地规范生成图像的样式。同时，这几个文生图模型用到的数据规模远大于以往的图像生成模型，也不再局限于 ImageNet 这样的公开数据集。再加上模型规模呈指数级增加，文生图模型实现了前所未有的性能。这些条件并不是扩散模型独有的，因此不能与之前小数据量、小参数量的生成模型公平比较。为了证实这一点，2023 年的论文 "Scaling Up GANs for Text-to-Image Synthesis" 提出了 GigaGAN[69]，通过加入文字条件、扩大网络和数据规模，让生成对抗网络的性能再次与扩散模型比肩。图 6-11 展示了 GigaGAN 也能产生真实自然的图像。

然而，这篇论文并没有扭转扩散模型"一边倒"的趋势。一方面，生成对抗网络的调试难度比扩散模型高很多，刚入门的研究生很难直接上手。另一方面，作为新兴技术，扩散模型拥有生成对抗网络所没有的前景，虽然它还有很多缺点，但也有很大的上升空间，而生成对抗网络经过多年的发展已经接近极限。最后，整个文生图社区创造了巨大的应用市场，人们将更容易扩展和使用的扩散模型"玩"出了花样，极大地丰富了扩散模型的使用场景。因此，网络上铺天盖地的论文和短视频都指向了扩散模型。这就是扩散模型胜过生成对抗网络的主要原因。如果一项技术有更多的人去关注和开发，就注定会发展得更加成熟，也更有前景。从某个角度讲，人心才是决定技术发展的关键。实际上，扩散模型和生成对抗网络哪个好已经不重要了，重要的是我们获得了更好的生成效果，而两者的区别也终将因为它们的融合体的出现而消失。

头发上长出了多彩花朵的女性肖像，　　　一辆停在黄色砖墙前的蓝色跑车　　　　　桌面上的玩具熊
超写实油画，复杂的细节

图 6-11　GigaGAN 生成的图像

6.7　生成式复原的经典模型

SRGAN 是在 CVPR 2017 上被提出的，它的实际诞生时间是 2016 年下半年。当时，我与 SRGAN 的通讯作者 Wenzhe Shi 都在瑞士参加 ECCV，我发表了 FSRCNN，FSRCNN 与 ESPCN 是同期的研究。ESPCN 的团队此后一直在图像复原方向上努力，还创办了 Magic Pony 公司，该公司后来被推特收购。2016 年，我完成了 FSRCNN 的研究后一直在想办法用生成对抗网络做图像复原，甚至想好了同样的名字——SRGAN，然而经过了几个月也没有得到结果。当 Wenzhe Shi 宣布他们的成果时，我颇为吃惊，也非常好奇，因为自己亲自探索过，知道生成对抗网络的训练非常不稳定，若只用对抗损失函数（Adversarial Loss）进行梯度回传，基本上不会出现像样的图像。而图像复原与图像生成最大的区别就在于原始信息的保持，因此必须想办法让生成的图像与原始图像的信息保持一致。我当时也用了均方误差（MSE）做损失函数，但没有出现理想的结果，直到看到 SRGAN 才恍然大悟。有两个关键点是我没有想到的，第一个是利用了 2016 年李飞飞团队提出的感知损失函数（Perceptual Loss），而不是对抗损失函数，图 6-12 展示了均方误差和感知损失函数的区别，其中，均方误差计算像素值上的差异、感知损失函数衡量特征上的差异，这些差异是让生成图像产生细节的关键。

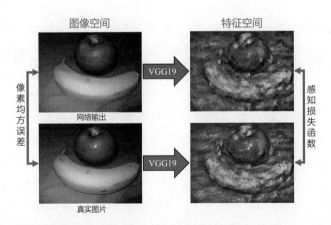

图 6-12　VGG19 网络用于将图像转换为抽象特征

第二个是将对抗损失函数的权重调小，让它不能影响训练的方向，只会微调生成图像的清晰度，消除感知损失函数带来的噪声。

这两个关键点配合起来，再加上 MSE，就可以生成以往没有的细节，同时保持原始信息不变。这样的组合看上去简单，实际上具备相当的原创性，也只有经过很深入的探索和努力才能发现。也因此，这篇首次用生成对抗网络做超分的论文获得了 13000 次以上的引用量，我认为实至名归。

接下来就是 ESRGAN 了，这篇论文最应该感谢的是 2018 年的感知图像超分比赛 PIRM，它是由苏黎世联邦理工学院的 Radu Timofte 和 Luc Van Gool 牵头举办的。这次会议之前，Tomer Michaeli 发表了另一篇重要的论文 "The Perception-Distortion Tradeoff"[70]，揭示了视觉效果和复原精度不可兼得的现象，如图 6-13 所示，让生成式复原不再拘泥于早期的评价方式，成为独立的研究分支。基于这项发现，PIRM 大赛采用了新的评价指标 PI（Perceptual Index），用它和 PSNR 同时对参赛方法进行比较和排名。

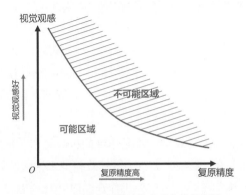

图 6-13　图像复原算法能实现的效果范围

ESRGAN 的研究比这次比赛要早，也就是在 SRGAN 提出之后，我们开始寻找改进方案。当时参与研究的同学不少，但最终做出来的是我的师弟王鑫涛，他在 2017 年的超分比赛中已经积累了相当多的经验，而且一直在做与生成对抗网络相关的探索，他在 2017 年下半年将 SFTGAN[71]的论文投稿，中了后来的 CVPR。因此，关键性的创新需要大量的前期积累，而不只是中彩票式的尝试。ESRGAN 的创新点主要有 3 个：一是改进了对抗损失函数，用相对好坏的评价代替绝对好坏的评价，即相对判别器（Relativistic Discriminator）；二是修正了感知损失函数，让输出特征的对比更加有效，从而提升生成力度；三是更换了先进的生成网络，用密集连接模块替代了残差连接模块，同时扩大了网络规模。这 3 点都借用了当时最新的技术，才产生了远胜 SRGAN 的效果。ESRGAN 的生成能力在动物毛发和自然风景中体现得尤为明显，可以让平滑的区域出现细密纹理，创造出自然图像的真实感，如图 6-14 所示。

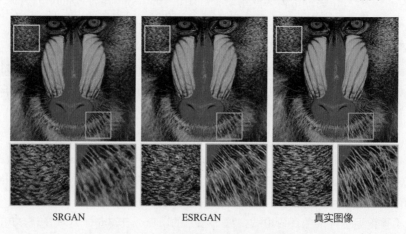

SRGAN　　　　　　　ESRGAN　　　　　　　真实图像

图 6-14　SRGAN 和 ESRGAN 的效果对比[60]

需要注意的是，这时生成的细节还有很多瑕疵（不能根据不同的内容进行个性化生成），也会创造一些难以检测和消除的伪影，使得复原精度难以保证。因此，ESRGAN 应用最广的领域是游戏重置，在游戏里不需要"真相"，只需要"真实"。此后几年，也出现了很多新的基于生成对抗网络的图像复原模型，例如 RankSRGAN[72]和 SwinIR-GAN，以及人脸复原模型 GFPGAN[73]和 CodeFormer[74]，但这些模型都没有跳出生成对抗网络的局限，难以生成内容自适应的真实细节，也就无法扩展到更高的倍率上。

改变这个局面的是扩散模型，但并不是单纯的扩散模型，而是由扩散模型做出的文生图基模型。这句话怎么理解呢？首先，用扩散模型来做图像复原的工作早在 2021 年就有了，其代表是谷歌的 SR3[75]。这项工作在当时并没有引起太多关注，主要是当时生成对抗网络的效果仍然领先很多，再加上速度上的优势，难以在短时间内被扩散模型取代。但扩散模型在处理未知的噪声时有一些天然的优势，它不需要知道噪声的类型就可以通过加噪再去噪的方式进行复原。利用这个特点，几项盲复原的研究应运而生，例如 DDNM[76]和 DDRM[77]，它们无须对特定的噪声进行训练，也可以得到不错的结果。但它们的局限性也很明显，就是无法应对复杂的难以建模的噪声类型，也无法生成超越生成对抗网络的效果。也就是说，在 2022 年之前，扩散模型已经被成功应用于图像复原，但并没有产生突破性的进展。同样在 2022 年，Stable Diffusion 横空出世，引发技术革命。

生成式复原之所以遇到瓶颈，是因为它无法完全理解自然图像分布，因此无法生成真实的自然图像。要想让一个模型能够理解自然图像分布（拟合自然图像空间），需要的模型和数据规模都是难以想象的，根本不是一个复原模型可以做到的。而 Stable Diffusion 恰好就是这样一个能生成自然图像的模型，它对自然图像的理解已经非常充分，完全可以被用在图像复原中。要知道，一个图像复原模型的参数量往往只有几百万个，使用两三个 A100 GPU 就可以训练。但一个文生图基模型的参数量在 10 亿个以上，要用超过 500 个 A100 GPU 才能训练，不是普通的高校和研究所可以承担的，必须由企业或政府进行投入。2021 年后，这些技术和资本上的条件得以满足，才出现了几个重量级的文生图基模型。利用 Stable Diffusion 做图像复原，相当于将图像复原变成了条件图像生成，它的控制条件就是低质量的输入图像，如图 6-15 所示。

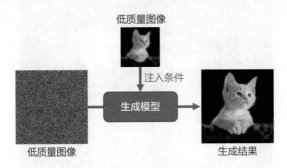

图 6-15　生成模型作为主干，低质量图像作为引导生成的条件

南洋理工大学的吕健勤老师团队发表的 StableSR[78]首先实现了这一想法。几乎在同一时期，我们也做出了 DiffBIR[79]，可以实现更稳定的效果。DiffBIR 的思想很直接，就是将复原网络和生成网络结合起来，再用 ControlNet 调控 Stable Diffusion，从而实现生成式复原。由于 DiffBIR 方法简单有效，没有"拖泥带水"的操作，也不需要复杂的前后处理，因此受到了广泛的关注。这时 DiffBIR 生成的图像质量已经远远超过了以往的生成对抗网络，在各种自然场景和人脸场景中占据了绝对优势。DiffBIR 开

源后，仅用一个月就在 GitHub 上获得了 2000 个星标，而此时它还没有被任何期刊和会议接收，这在之前是不可想象的，这也是 Stable Diffusion 带来的热度的体现。

这还没有结束，只要有了更好的基模型，复原效果就可以进一步提升。为了探索生成式复原的上限，我们开发了更先进的复原模型 SUPIR[57]，利用的就是 Stable Diffusion 的升级版本 SDXL[80]。实际上，调试 SDXL 的代价和难度都要大得多，它本身就存在许多不稳定因素，很多参数细节需要自己摸索。同时，SDXL 占用的内存远大于 Stable Diffusion，控制模块稍微大一点儿，就会造成显存溢出，原来的控制方式不再适用，而且越大的模型需要的数据越多。为此，我们收集了 2000 万张高清图像进行训练，比之前的数据集大了两个数量级。在这种情况下，训练 SUPIR 需要 64 个 A6000（32 个 A100）GPU，这已经远超以往的复原模型了。我们的 XPixel 研究小组几乎倾尽全力来支持这个项目，也终于做出了比较满意的结果，图 6-16 展示了几个例子。SUPIR 生成的图像除了拥有更丰富逼真的细节，还能达到 4K 的分辨率，完全可以放到高清大屏上观看。我们也做出了在线应用网站，让更多的普通用户可以感受生成式复原的魅力。

图 6-16 低质量图像（左）与 SUPIR 复原效果（右）对比

　　说到这里，也基本上接近尾声了。我们的生成式复原从蹒跚学步到发扬光大，走过了非常精彩的成长之路。而生成式复原的能力才刚刚开始发挥，相信在不久的将来可以真正"飞入寻常百姓家"。生成式复原最直接的应用就是智能修复和手机摄影，很多企业已经开始利用它来为大众服务。当你读到这里时，也许已经用上了相关产品，这也正是我们做科学研究的目的和心愿。

小贴士 1　判别式模型与生成式模型

　　在机器学习领域，根据对训练数据的建模方式不同可以将学到的模型分为判别式模型（Discriminative Model）和生成式模型（Generative Model）。给定 $X = \{x_i \mid i = 1, 2, \cdots, n\}$ 为输入的样本集，$Y = \{0, 1\}$ 为对应的标签集。判别式模型关注的是如何拟合出一个关于 $P(Y \mid X)$ 的决策边界，用于判断输入数据的分类结果，如图 6-17（a）所示。生成式模型关注数据学到的联合概率分布 $(x_i, y_i) \sim P(X, Y)$，它不关心划分类别的具体边界，只需要拟合出这些不同类的数据分布，如图 6-17（b）所示。简单来说，判别式模型就像判断题，只需要判断分类情况，而生成式模型类似简答题，需要"回答"（通常是隐式的）数据的具体特征分布。

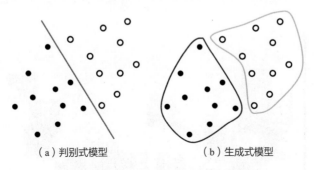

（a）判别式模型　　　　　　（b）生成式模型

图 6-17　对于同一批数据，判别式模型学到决策边界，推理时输出单一的分类结果，
生成式模型学到数据的分布，推理时输出某种概率分布

小贴士 2　图像超分中的 GAN 损失函数

　　在 GAN 诞生之前，训练超分网络使用的损失函数（均方误差 MSE、L1 损失等）通过最小化图像在像素层面上的距离使得预测结果不断接近真实 GT（Ground Truth）图像，这样的损失函数让网络倾向于产生更平滑的结果。GAN 的训练目标不再是让网络输出和真实图像的像素距离不断接近，而是希望输出结果能落在真实图像的分布中。

图像超分是一个典型的病态问题，除了 GT 图像能退化到 LR（Low Resolution）图像，还有许多类似的高分辨率图像可以通过不同的退化得到同一个 LR 图像。因此期望从损失信息的 LR 图像中重建出与 GT 图像完全一致的结果无疑是大海捞针。如图 6-18 所示，当我们将像素级的 MSE 当作损失函数求解图像超分时，得到的大概率是所有可能解在像素层面上的某种平均值（蓝框图像），因为此时的解虽然不是准确的 GT 图像（虚线绿框图像），即对应损失函数为 0，但在 MSE 的衡量标准下损失函数能做到尽量小。这样的图像自然会变得平滑模糊，并且很可能不会落在我们期望的真实图像分布（所有红框图像指示的范围）中，视觉效果看起来并不能令人满意。而 GAN 网络不追求极致的像素距离短，它倾向于输出结果能够落在真实的高分辨率图像分布中，尽管这个结果（黄框图像）可能和唯一正确的 GT 图像距离较远，但是在视觉感知上我们认为它比 MSE 的结果更自然真实。

换句话说，只是衡量超分结果与 GT 图像的像素距离的远近无法说明视觉质量的好坏。这也告诉我们 PSNR 等基于像素距离的图像质量评价指标虽然能够提供定量化的评估，但存在一些局限性。这些指标主要关注图像的像素级差异，不一定能够准确反映人眼对图像质量的感知情况。为了更全面地评价图像质量，通常需要结合其他主观和客观的评估方法，以便准确地捕捉图像的视觉感知质量。

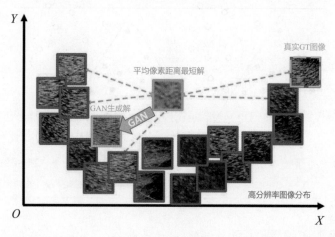

图 6-18　OXY 图像空间中真实 GT 图像、基于 MSE 的超分结果与 GAN 生成结果的关系示意图[14]

 小贴士 3　GAN

拟合特定的数据分布通常十分复杂，无法显式地刻画描述。生成对抗网络使用生成器和判别器两个子模型进行对抗训练，通过判别器辅助建立空间与空间的映射，避免对目标数据分布进行显式建模。理想的判别器能准确无误地甄别生成图像与真实图像，将这样的判别器作为损失函数能迫使生成器不断迭代升级，最终生成百分之百落在真实图像分布中的图像，得到一个从噪声空间到真实图像空间的完美映射函数。一个典型的生成对抗网络结构示意图如图 6-19 所示。

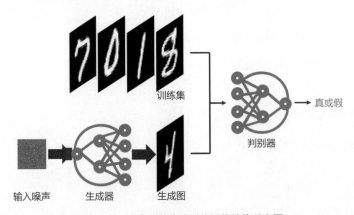

图 6-19　一个典型的生成对抗网络结构示意图

通过上述介绍可以认识到，GAN 不需要直接对空间映射进行建模，而是巧妙地利用对抗训练的学习方法来间接实现这一目的。一个更通俗的理解是，在训练的初始阶段，生成器和判别器为随机初始化的网络模型，经过一段时间的训练后，二者已经具备基本的生成能力或判别能力，此时生成器必须提升自己的生成能力，使得生成的图像足够真实，以"骗"过判别器，而判别器必须继续提升自己的判别能力来甄别图像是否为真实图像。

　小贴士 4　扩散模型

给定一个真实数据分布 $q(\boldsymbol{x})$，从中取样数据点 $\boldsymbol{x}_0 \sim q(\boldsymbol{x})$，前向扩散就是不断让样本 $\boldsymbol{x}_{t-1}$ 与高斯噪声逐渐融合的过程，即 $\boldsymbol{x}_t = a_t \boldsymbol{x}_{t-1} + b_t \boldsymbol{z}_t, \boldsymbol{z}_t \in \mathcal{N}(\boldsymbol{0}, \boldsymbol{I})$，在介绍 DDPM 的论文中，$a_t = \sqrt{1-\beta_t}$，$b_t = \sqrt{\beta_t}$。不断计算 $\boldsymbol{x}_t = \sqrt{1-\beta_t} \boldsymbol{x}_{t-1} + \sqrt{\beta_t} \boldsymbol{z}_t$，最终会得到一连串的含噪数据序列 $\{\boldsymbol{x}_1, \boldsymbol{x}_2, \cdots, \boldsymbol{x}_T\}$。噪声的方差序列记作 $\{\beta_t \in (0,1)\}_{t=1}^{T}$，由此可以得到条件分布形式：

$$q(\boldsymbol{x}_{1:T} \mid \boldsymbol{x}_0) = \prod_{t=1}^{T} q(\boldsymbol{x}_t \mid \boldsymbol{x}_{t-1}), \quad q(\boldsymbol{x}_t \mid \boldsymbol{x}_{t-1}) = \mathcal{N}\left(\boldsymbol{x}_t; \sqrt{1-\beta_t} \boldsymbol{x}_{t-1}, \beta_t \boldsymbol{I}\right) \quad (6.1)$$

最终使得 $\boldsymbol{x}_T \sim \mathcal{N}(\boldsymbol{0}, \boldsymbol{I})$ 成为一个标准的高斯分布。现在引入一个新的变量替换

$\alpha_t = 1 - \beta_t$, $\bar{\alpha}_t = \prod\limits_{i=1}^{t} \alpha_i$（为了计算方便）。将递推公式中的变量 $\boldsymbol{x}_t$ 不断替换，对于 t 时刻的数据点 $\boldsymbol{x}_t$ 可以得到

$$
\begin{aligned}
\boldsymbol{x}_t &= \sqrt{\alpha_t}\,\boldsymbol{x}_{t-1} + \sqrt{1-\alpha_t}\,\boldsymbol{z}_{t-1} && \boldsymbol{z}_{t-1} \sim \mathcal{N}(\boldsymbol{0}, \boldsymbol{I}) \\
&= \sqrt{\alpha_t \alpha_{t-1}}\,\boldsymbol{x}_{t-2} + \sqrt{\alpha_t - \alpha_t \alpha_{t-1}}\,\boldsymbol{z}_{t-2} + \sqrt{(1-\alpha_t)}\,\boldsymbol{z}_{t-1} && \boldsymbol{z}_{t-2} \sim \mathcal{N}(\boldsymbol{0}, \boldsymbol{I}) \\
\because \ & \mathcal{N}(\boldsymbol{0}, \sigma_1^2 \boldsymbol{I}) + \mathcal{N}(\boldsymbol{0}, \sigma_2^2 \boldsymbol{I}) \rightarrow \mathcal{N}(\boldsymbol{0}, (\sigma_1^2 + \sigma_2^2)\boldsymbol{I}) \\
\therefore \ & \boldsymbol{x}_t = \sqrt{\alpha_t \alpha_{t-1}}\,\boldsymbol{x}_{t-2} + \sqrt{1-\alpha_t \alpha_{t-1}}\,\bar{\boldsymbol{z}}_{t-2} && \bar{\boldsymbol{z}}_{t-2} \sim \mathcal{N}(\boldsymbol{0}, \boldsymbol{I}) \\
&= \sqrt{\bar{\alpha}_t}\,\boldsymbol{x}_0 + \sqrt{1-\bar{\alpha}_t}\,\boldsymbol{z} \\
q(\boldsymbol{x}_t \mid \boldsymbol{x}_0) &= \mathcal{N}\!\left(\boldsymbol{x}_t; \sqrt{\bar{\alpha}_t}\,\boldsymbol{x}_0, \sqrt{1-\bar{\alpha}_t}\,\boldsymbol{I}\right)
\end{aligned}
\tag{6.2}
$$

通常随着步长增加，我们会将高斯噪声的方差设置得越来越大，即 $\beta_0 < \beta_1 < \cdots < \beta_T$。定义好了扩散过程，接下来要考虑的就是逆向的去噪过程 $q(\boldsymbol{x}_{t-1} \mid \boldsymbol{x}_t)$，即从 $\boldsymbol{x}_t$ 中恢复 $\boldsymbol{x}_{t-1}$。但 $q(\boldsymbol{x}_{t-1} \mid \boldsymbol{x}_t)$ 无法通过显式计算得到，因此需要神经网络的帮助，学习一个模型 p_θ 来近似，其中 $\boldsymbol{\theta}$ 为神经网络的参数。由此可以得到

$$
p_\theta(\boldsymbol{x}_{0:T}) = p(\boldsymbol{x}_T) \prod_{t=1}^{T} p_\theta(\boldsymbol{x}_{t-1} \mid \boldsymbol{x}_t), \ p_\theta(\boldsymbol{x}_{t-1} \mid \boldsymbol{x}_t) = \mathcal{N}\!\left(\boldsymbol{x}_{t-1}; \mu_\theta(\boldsymbol{x}_t, t), \Sigma_\theta(\boldsymbol{x}_t, t)\right) \tag{6.3}
$$

通过训练使 $p_\theta(\boldsymbol{x}_{t-1} \mid \boldsymbol{x}_t)$ 与已知的分布 $q(\boldsymbol{x}_{t-1} \mid \boldsymbol{x}_t, \boldsymbol{x}_0) = \mathcal{N}\!\left(\boldsymbol{x}_{t-1}; \tilde{\mu}(\boldsymbol{x}_t, \boldsymbol{x}_0), \tilde{\beta}_t \boldsymbol{I}\right)$（这个概率分布可通过贝叶斯定理转换得到）在足够多的训练图像 $\boldsymbol{x}_0$ 和所有 t 时刻下接近，就可以用网络模型近似得到 $q(\boldsymbol{x}_{t-1} \mid \boldsymbol{x}_t)$。经过一系列的变量替换和变分下界操作[①]，最小化 $\sum\limits_{t=1}^{T} D_{\mathrm{KL}}\!\left(q(\boldsymbol{x}_{t-1} \mid \boldsymbol{x}_t, \boldsymbol{x}_0) \,\|\, p_\theta(\boldsymbol{x}_{t-1} \mid \boldsymbol{x}_t)\right)$ 这一 KL 散度，再经过一系列简化，得到 DDPM 在训练中使用的损失函数如下。

$$
L = \mathbb{E}_{\boldsymbol{x}_0, \boldsymbol{z}_t}\!\left[\left\| \boldsymbol{z}_t - \boldsymbol{z}_\theta(\boldsymbol{x}_t, t) \right\|^2\right] = \mathbb{E}_{\boldsymbol{x}_0, \boldsymbol{z}_t}\!\left[\left\| \boldsymbol{z}_t - \boldsymbol{z}_\theta\!\left(\sqrt{\bar{\alpha}_t}\,\boldsymbol{x}_0 + \sqrt{1-\bar{\alpha}_t}\,\boldsymbol{z}_t, t\right) \right\|^2\right] \tag{6.4}
$$

其中，$\boldsymbol{z}_t \sim \mathcal{N}(\boldsymbol{0}, \boldsymbol{I})$ 为高斯噪声，$\boldsymbol{z}_\theta$ 为需要训练的去噪网络。训练好网络后，在采样生成新图像时，便可从噪声图 $\boldsymbol{x}_T$ 出发，不断依据 $\boldsymbol{x}_{t-1} = \dfrac{1}{\sqrt{\alpha_t}}\left(\boldsymbol{x}_t - \dfrac{1-\alpha_t}{\sqrt{1-\bar{\alpha}_t}}\,\boldsymbol{z}_\theta(\boldsymbol{x}_t, t)\right) + \sigma_t \boldsymbol{z}, \ \boldsymbol{z} \sim \mathcal{N}(\boldsymbol{0}, \boldsymbol{I})$，计算得到最终干净的生成图 $\boldsymbol{x}_0$，其中 σ_t 为噪声系数，可以人为定义，通常我们可以设置正向、反向的方差一致。

---

① 本书重点是为读者提供便于理解的整体思路，相关证明较为烦琐且已有大量解读工作，感兴趣的读者可自行查阅。

另外，扩散过程也可使用微分方程，加噪过程中的样本可以通过式（6.5）计算得出：

$$x_i = \sqrt{1-\beta_i}\,x_{i-1} + \sqrt{\beta_i}\,z_{i-1}, i=1,\cdots,N \tag{6.5}$$

对于时间 $t \in [0,1]$，如果将总步数 N 放大到无穷大，即 $t=i\Delta t=\dfrac{i}{N}$，$N\to\infty$，则 $x(t)$、$z(t)$ 和 $\beta(t)$ 都为连续函数，其中，$x(\dfrac{i}{N})=x_i$，$z(\dfrac{i}{N})=z_i$，$\beta(\dfrac{i}{N})=N\beta_i$（为了后续计算能引入 $\Delta t=\dfrac{1}{N}$），加噪的离散过程可以看作连续的函数：

$$x(t+\Delta t)=\sqrt{1-\beta(t+\Delta t)\Delta t}\,x(t)+\sqrt{\beta(t+\Delta t)\Delta t}\,z(t)$$

$$\because (1-M)^{\frac{1}{2}}=1-\frac{1}{2}M+O(M^2) \tag{6.6}$$

$$\therefore x(t+\Delta t)\approx x(t)-\frac{1}{2}\beta(t+\Delta t)\Delta t x(t)+\sqrt{\beta(t+\Delta t)\Delta t}\,z(t)$$

$$\approx x(t)-\frac{1}{2}\beta(t)\Delta t x(t)+\sqrt{\beta(t)\Delta t}\,z(t)$$

当 $\Delta t \to 0$ 时，式（6.6）可以等价写作微分方程的形式：

$$x(t+\Delta t)-x(t)=-\frac{1}{2}\beta(t)\Delta t x(t)+\sqrt{\beta(t)}\sqrt{\Delta t}\,z(t) \tag{6.7}$$

$$dx=-\frac{1}{2}\beta(t)x dt+\sqrt{\beta(t)}dw=f(x,t)dt+g(t)dw$$

其中，w 是标准的维纳过程（Wiener Process），也被称为布朗运动，整个方程是一个随机微分方程（Stochastic Differential Equation，SDE），$f(x,t)$ 为漂移系数（可以理解为运动中平均值的变化），$g(t)$ 为扩散系数（代表运动过程中噪声的扩散）。按照 SDE，数据将逐渐变为纯高斯噪声分布，如图 6-20 中 $x(0)\to x(T)$ 的过程所示。确定扩散过程后可以知道，去噪过程也有其对应的反向 SDE 形式[81] $x(T)\to x(0)$，如下所示：

$$dx=\left[f(x,t)-g^2(t)\nabla_x \lg p_t(x)\right]dt+g(t)dw \tag{6.8}$$

可以看出，未知项只有 $\nabla_x \lg p_t(x)$，这其实就是分数函数[82]（Score Function）。基于扩散过程的生成模型与基于分数函数的生成模型（Score-based Generative Model）可以互相转换，两者在理论上是统一的，是 SDE 框架下的不同形式[83]。我们在 DDPM 中选择用网络来预测不可知的噪声，这里也可以采用同样的思想训练一个网络来近似分数函数 $s_\theta(x,t)\approx\nabla_x \lg p_t(x)$，具体训练策略不在此赘述。确定 SDE 后，便可使用各类 SDE 求解器生成样本。

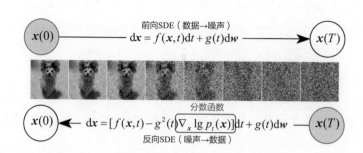

图 6-20 扩散过程和去噪过程都有对应的 SDE[83]

值得一提的是，当时还在斯坦福大学的宋飏证明了每个 SDE，即式（6.8），都有一个边缘概率密度相同的确定性过程 ODE，这个 ODE 便是概率流（Probability Flow）ODE[83]。

$$\mathrm{d}\boldsymbol{x} = \left[f(\boldsymbol{x},t) - \frac{1}{2}g(t)^2 \nabla_x \lg p_t(\boldsymbol{x}) \right] \mathrm{d}t \qquad (6.9)$$

这样的 ODE 有几个非常特别的性质。首先，相比 SDE 少了随机项 $\mathrm{d}\boldsymbol{w}$，一旦给出初始噪声 $\boldsymbol{x}_T$，递推求解公式得到的解轨迹（Trajectory）$\{\boldsymbol{x}_T, \boldsymbol{x}_{T-1}, \cdots, \boldsymbol{x}_0\}$ 就确定了。换句话说，每个噪声 $\boldsymbol{x}_T$ 对应唯一的生成图像 $\boldsymbol{x}_0$，生成结果更可控，采样更高效。其次，对于 ODE 数值解已经有大量理论坚实且高效的求解算法（欧拉法、龙格-库塔法等），这些算法的截断误差有可证明的上限，为不透明的神经网络方法提供了一定的可解释性。值得一提的是，DDIM 其实也可以被改写为 ODE 的形式，感兴趣的读者可以查看原论文 "Denoising Diffusion Implicit Models" [84]。

总体来说，SDE 与 ODE 解轨迹的可视化如图 6-21 所示，给定的数据目标分布为 $\mathcal{N}(-2,0.5) + \mathcal{N}(2,0.5)$，前向扩散过程逐渐加噪，将分布变为标准高斯噪声分布，即 $\mathcal{N}(0,1)$。SDE 中的每一步都引入了噪声项，因此解轨迹（彩色线条）震荡；而 ODE 中不存在随机项，因此解轨迹（纯白线条）是一条平滑的曲线。同样，去噪过程中的 SDE 解轨迹因为随机项而震荡，ODE 解轨迹平滑。以 SDE 和 ODE 的角度拆解扩散模型，能引入微分方程数值方法，为研究者提供了坚实的理论基础，不用摸黑式地设计改进算法。同时，神经网络带来的卓越性能和工程经验往往能跳出理论的框架，得到让人眼前一亮的效果。这充分体现了理论与实验能够相辅相成、互相成就。

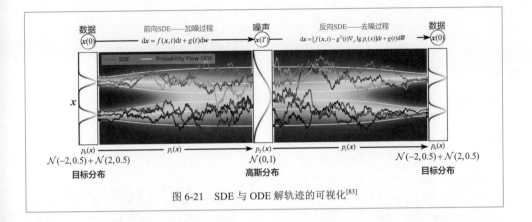

图 6-21 SDE 与 ODE 解轨迹的可视化[83]

第 7 章
时空的交错与融合：论视频超分辨率

时间和空间是相互独立的吗？在相对论出现之前，人们认为是，而且理由非常充分。空间就是你我所在的物理环境，在每个地方时间的流逝都是均匀一致的，那种"天上一天，地下一年"的事情只出现在小说里。而相对论超越了这份经验，当物体的速度接近光速时，时间会变慢，质量会增加，长度会缩短。即便相对论已经出现了很久，人们仍然很难理解这个结论。但时间和空间就是这样耦合在一起的，有一个特殊的变量"速度"纠缠其中，从此二者再也不能独立存在。这些与我们要讨论的视频超分辨率（简称视频超分）有什么关系吗？当然有。视频中的空间就是每个定格的画面，而时间就是一系列画面组成的流水，时间和空间看似相互独立，却强烈地耦合在一起。我们往往会认为，视频就是一帧帧图像的组合，而视频超分就是图像超分的延伸，由此诞生了大量的视频超分算法。但当我们真正审视它们的科学性时，不禁会大跌眼镜：视频超分，从最初的源头开始，就传达了一个信息：时间和空间相互影响不可分割，把它们纠缠在一起的，就是"速度"，也就是帧率。而视频超分走到今天，仍然得出了这个结论——时间和空间相互影响不可分割，要想把视频超分做好，除非将时空看成整体。最好的证明就是 Sora，它超越了过去，更引领了未来，我们将其放到本章的最后讲解。现在，让我们先回到传统算法的时代，看看视频超分的起源，看看时空交错和融合的历史。

7.1 多帧图像超分与时空超分

在视频超分的早期探索中，最有代表性的论文并不是视频超分，而是"Space-Time Super-Resolution"[85]，这篇文章是超分领域的著名学者 Michal Irani 的代表作之一，而他也是首篇纯单图超分论文 "Super-Resolution from a Single Image"[86]的作者。在介绍这篇时空超分的论文之前，我们还得提一下更早期的奠基性工作。早在 1991 年，

Michal 就发表了论文 "Improving Resolution by Image Registration" [87]，这篇论文没有提及视频超分，做的却是多帧图像超分，用到的技术叫图像配准（Image Registration）。要知道，视频超分的本质就是多帧图像超分，而多帧图像超分的历史远早于视频超分，可以追溯到 1984 年 Thomas Huang 作为第一作者的论文 "Multi-Frame Image Restoration and Registration" [88]，现在已经无法从网上看到这篇论文了。相比而言，最早的单帧图像超分经典算法——Bicubic 插值发表的时间是 1981 年，因此可以说，单帧图像超分和多帧图像超分几乎同时起步。而 Super Resolution 这个词在早些年反而专指多帧图像超分，因为只有多帧图像超分才能补充真实的信息，也才符合当时所谓的科学性，而单帧图像超分主要指插值算法。我们从多帧图像超分的另一篇经典论文 "Limits on Super-Resolution and How to Break Them" [89]中可以看出，2002 年的超分就是将多张低分辨率图像合并成高分辨率图像的过程，如图 7-1 所示。

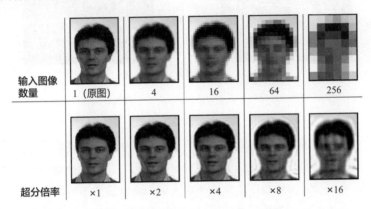

图 7-1　用 N^2 张低分辨率图像超分 N 倍得到原图尺寸的超分图。

超分倍率越高，超分需要的输入图像越多[89]

现在的单帧图像超分由于加入了生成的成分，也被叫作 Hallucination，我们现在仍然用 Face Hallucination 来形容人脸超分。不过由于超分技术的发展，人们已经不再区分这些名词了。我们还是先来看多帧图像超分的基本原理，它同样适用于视频超分。

多帧图像超分实际上是一个逆过程。理论上讲，真实场景的分辨率是无限的，我们可以通过不断地靠近和放大来获得更多细节。但拍摄出来的图像的分辨率是有限的，这是由我们的感光元件（Senor）和显示设备决定的。因此，任何图像都会有对应的更高分辨率的图像。当我们多次拍摄同一个场景时，会得到内容相近但不完全相同的几张图像，它们的差异主要来自相机移动（或者场景移动），而体现为亚像素级别的差异。所谓亚像素，就是存在于两个像素之间的未显现的像素，由周围的像素变化体现出来。例如，在位置(x,y)的像素移动 1 个像素距离到达$(x+1,y)$时，$(x+1,y)$的像素值就会是原来(x,y)的像素值，如图 7-2（a）所示。但当移动距离不足 1 个像素距离时，

(x,y)和$(x+1,y)$都不会是原来(x,y)的像素值，如图 7-2（b）所示，而是会受到亚像素的影响发生变化。

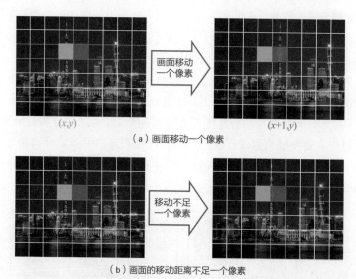

（a）画面移动一个像素

（b）画面的移动距离不足一个像素

图 7-2　有限的图像分辨率导致了离散的信息记录，于是画面移动时可能造成信息遗漏，即信息隐藏在亚像素中

多帧图像有了亚像素级别的差异，相当于隐藏了更多亚像素的信息，可以通过某些算法将它们恢复。当我们把亚像素填进原来的图像时，自然会增加原图的分辨率，也就进行了图像超分。如何利用亚像素所带来的信息就成了多帧超分的关键。而所谓的图像配准，就是将同一个场景中的不同图像转换到同样的坐标系统中的过程。这个过程可以被用来将多张图像对齐到同样的场景中，消除像素级的差异，只保留亚像素级的差异，也就可以被用来做多帧超分了。很显然，多帧超分是有上限的，即便是在完美的状态下，4 张图像最多只能放大$\sqrt{4}=2$倍，而 9 张图像最多只能放大$\sqrt{9}=3$倍，如图 7-3 所示。

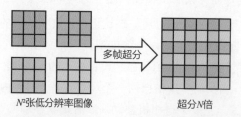

N^2张低分辨率图像　　　　　超分N倍

图 7-3　假设N^2张图像完整记录了所有的亚像素信息，多帧超分倍率上限为N

由于运动偏差所带来的信息损失很大，这些上限远远无法达到，根据论文 "On the Fundamental Limits of Reconstruction-Based Super-Resolution Algorithms" [90]的计算，真

实场景下的多帧图像超分上限只有 1.6 倍，理论上，超过这个倍数所填充的信息都是"虚构的"。同时，为了开发多帧图像超分算法，我们还需要对正向过程进行假设。所谓正向过程就是由高分辨率图像到低分辨率图像的过程。只有假定了正向过程，我们才能知道多帧图像之间的关系，以及如何填补亚像素信息。例如，论文 "Improving Resolution by Image Registration" 中假设低分辨率图像是由高分辨率图像经由 3×3 的点扩散函数、降采样和平移旋转变化得到的。如此一来，多帧图像的像素变化就可以通过仿射变换的公式进行计算，先估计运动的参数，再根据它们和原图之间的相似性进行优化。具体的算法这里不再展开，但由上面的假设可以看到这种变换的局限性。真实场景中拍摄的多帧图像不可能遵循简单的仿射变换，也不可能没有噪声，甚至会有局部物体移动。传统算法无法模拟这么多的变量，只能简化处理，不过传统算法也因此具备完美的数学表达和可解释性。至于深度学习是如何破除这些局限的，我们会在后面的章节展开。感兴趣的读者可以参考论文 "Limits on Super-Resolution and How to Break Them"，它将早期传统算法的局限性分析得非常透彻，在那时，放大到 720P 都是天方夜谭，而如今，放大到 4K 也不是难事，这应该是作者怎么也想象不到的。多帧超分的基本原理先讲到这里，下面让我们进入时空超分。

时空超分对我们认识视频时空分辨率的本质有着重要的意义。论文 "Space-Time Super-Resolution" 最大的价值不是它使用的方法，而是它对时空关系的分析，这些理论基础往往被后人忽视，但恰是它决定了算法的走向。这篇论文开头就提出了两个时空耦合的现象。第一个现象是动作模糊（Motion Blur），我们在赛车的运动场景中经常看到这样的画面，一辆行驶的赛车被拍摄成了模糊的虚影，这是为什么呢？相机都有曝光时间，物体在曝光时间内发生了运动，光线经过时间的积累，就产生了轨迹，如图 7-4（a）所示。从某种程度上讲，运动模糊带来的是空间分辨率的缺失，而弥补它的办法，恰恰是增加时间分辨率。也就是说，如果我们可以用高速相机拍摄，缩短曝光时间，增加快门速度，就能有效地减少运动模糊，如图 7-4（b）所示。对视频来说，时间分辨率就是帧率，视频的帧率越高，单帧出现运动模糊的概率就越小。

（a）曝光时间长，运动幅度大　　　　　（b）曝光时间短，运动幅度小

图 7-4　时间分辨率越高（曝光时间越短），出现运动模糊的概率越小

第二个现象是运动混叠，当运动速度超过帧率时，运动轨迹的高频部分就会与低频部分混叠，产生幻觉。例如车轮逆转效应（Wagon Wheel Effect），我们看快速转动的车轮会感觉它好像在倒转，这就是运动混叠带来的假象。也就是说，没有正确的帧率，就没有正确的画面，时空又一次耦合在一起了。基于这两个现象，我们可以进一步建模时空分辨率。假设真实的运动场景在时间和空间上都是连续的，那么视频就是在连续时空场景下的采样，时间下采样形成时间分辨率（帧率），空间下采样形成空间分辨率（像素）。时间采样会用到时间模糊（Temporal Blur）函数，代表曝光时间，空间采样会用到点扩散函数（Point Spread Function），代表光圈大小。当我们选出一个三维时空块（如图 7-5 所示）时，就可以对它进行时间和空间两个维度上的下采样，在信息量不变的情况下，时间分辨率和空间分辨率可以进行置换。

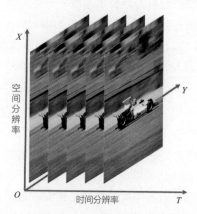

图 7-5　空间分辨率刻画 *OXY* 平面的采样精度，时间分辨率刻画 *OT* 方向的采样精度

当空间分辨率不足时，可以通过时间分辨率来弥补，反之亦然。如此一来，要想进行视频超分，增加空间分辨率，就必须有足够的时间分辨率（帧率）做支撑，帧率越高，动作越慢，就越容易恢复。相反地，如果帧率不够，动作很快，就很难进行视频超分。事实上，很多早期的视频超分论文就是因为忽视了这个原理而没有实质性的进展，它们并不考虑帧率大小和帧间运动的差异，没有采用多样性足够高的数据集，最后只能给出一个平滑的结果。同样，要想提升时间分辨率，就要使用高空间分辨率的视频，否则只能得到无意义的平均解。如果想把视频放到 4K 大屏上播放，那么必须同时增加它的时空分辨率。假设只增加了空间分辨率，而没有增加帧率，那么每一帧画面都会变得相对独立，画面就会产生强烈的跳跃感，空间分辨率越高，跳跃感就越明显。

论文 "Space-Time Super-Resolution" 在分析了时空关系之后，也给出了时空超分的解法，这里简单说一下它的原理。通常，要想求解高分辨率的像素值，必须有相应的低分辨率像素值与之对应。要想将时空分辨率放大 $h×w×t$（长×宽×时）倍，就至少需要 $h×w×t$ 个低分辨率视频来构建满秩的参数矩阵。但这个要求往往难以满足，也就是说，能获得的低分辨率视频数量往往远少于 $h×w×t$。这时就需要约束高分辨率视频中的参数来解欠定方程，并将其转化为有正则项的优化问题。这是传统方法里的经典解法，在深度学习出现以后就很少用了，这里不再赘述。但我们仍然可以通过分析了解它的局限性。首先，要想构建方程组，就需要多个低分辨率视频，这在现实生活中是难以做到的，我们需要的是通过单个低分辨率视频重建高分辨率视频。其次，要想构建方程组，就需要对成像过程进行精确的建模，用数学公式来描述时空降采样过程，并对参数进行约束。这里有很多粗略的假设，例如时空采样是均匀的，点扩散函数是固定的，视频没有其他噪声，参数矩阵是稀疏的，所求参数适用于所有视频等。这些人为的假设大大限制了算法的准确性，最终只能得到一个差不多的结果，远远无法适用于复杂多样的真实视频。也正是这个缘故，以深度学习为代表的诸多算法应运而生，将复杂的数学建模交给网络，将人为的约定交给数据，让网络根据数据学习复杂的行为，超越普通的方程，解决实际的问题。下面我们就来看看基于深度学习的视频超分。

7.2　基于深度学习的视频超分

实际上，视频超分的基本原理就是多帧图像超分，而它的独特性就是时空关系。视频超分与多帧图像超分的区别在于，视频超分的帧数更多，帧间关系更加复杂，帧间相对位移较大，且存在运动、遮挡、转场等问题。而视频超分与时空超分的区别在于，视频超分是从单一视频重建出高空间分辨率的视频，中间无须插帧，也不用考虑时空补偿。视频超分与多帧图像超分和时空超分的相同点在于：它的关键还是多帧信息的利用，成功的标准是恢复单帧图像中没有的信息。根据这个理解，视频超分算法的基本框架可以分成多帧对齐模块、特征融合模块和图像重建模块。多帧对齐模块所实现的功能就是多帧图像超分里的图像配准，只不过用的方法不同，叫法也由 registration 变成了 alignment。特征融合模块利用对齐产生的亚像素差异复原更多的信息，最后通过复原的信息结合原始输入重建高分辨率视频帧。当然，要考虑时空关系的耦合性，对齐模块和融合模块就有了不同的实现方式，既可以显式地进行，如光流估计和运动补偿，也可以隐式地进行，如可变形卷积、3D 卷积和自注意力机制，我们会在具体的方法中介绍它们的区别。

2014 年，我刚刚做完基于深度学习的单帧图像超分算法 SRCNN，我的导师汤老师就建议我将其扩展到视频上，再做视频超分的工作。我当时不以为然，觉得视频超分不过就是把多张图像输入网络，不会有什么实质性的贡献，就没有进行那个方向的研究，后来才发现是自己肤浅了。虽然视频超分只是多帧输入，但要用好多帧信息并不容易。当相邻两帧图像出现较大的运动、变形和遮挡时，它们的关系就变得非常复杂（其中一大问题便是时间一致性，即帧与帧的时间连续性，见本章小贴士 1），难以用简单的模型来解决。2016 年，第一篇借鉴了 SRCNN 的视频超分网络 VSRnet[91] 的论文诞生了，它的核心贡献就是探索了多种对齐和融合的可能性。多帧对齐分为光流估计和运动补偿两部分，光流估计的目的是计算两帧之间的相对运动，而运动补偿是把相对运动消除，将一帧图像对齐到另一帧图像上。VSRnet 用的是传统的光流估计算法 Druleas[92]（基于深度学习的光流估计方法见本章小贴士 2），以及根据像素相似度来调节的自适应运动补偿算法，最终将前后两帧图像都对齐到中间帧。接下来，将这些图像输入三层的卷积网络，这里根据多帧信息融合的位置不同有三种可能性，分别是早期融合、中间融合和最后融合。不难想象，中间融合的效果最好，因为它让每张图像的特征都提取得更充分，也融合得更充分。VSRnet 所取得的效果比单图超分SRCNN 好不少，这也是在情理之中的，但并不足够惊艳。我们通过实验结果图（见图 7-6）可以发现[①]，多帧图像超分后的图并没有增加更多的真实细节，只是局部更加清晰了，这显然不能满足我们对视频超分的要求。

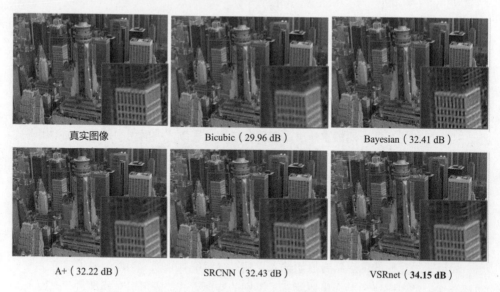

图 7-6　VSRnet 与其他方法的效果对比[91]

　　同时，简单分析 VSRnet 就会发现它的局限性。首先，它用的光流估计算法还是传统算法，精度和鲁棒性都不够，这导致它的多帧对齐并不准确。其次，它用到的超分网络太简单，难以有效地提取和融合多帧信息。最后，它训练用的数据也非常有限，

① 括号中为 PSNR 的值。

只有 53 段视频，而且不是为视频超分准备的。这三点也成为视频超分算法改进的主要方向。

真正让视频超分进入快速发展期的，还是 NTIRE 2019[93]视频复原大赛。深度学习算法从一开始就是靠着竞赛发家的（ILSVRC-ImageNet[94]图像分类大赛），也是靠着竞赛吸引注意力、解决新问题的。NTIRE 是图像复原领域最大的竞赛平台，2017 年首届单张图像超分比赛带火了 EDSR，2018 年的感知图像超分比赛催生了 ESRGAN，2019 年的首届视频复原大赛自然就吸引了大家的目光。比赛的另一个作用就是提供统一的训练数据和测试平台。组织方采集了针对视频复原的高清数据集 REDS，其中有 270 个视频片段，覆盖了各种场景和运动情况。值得一提的是，REDS 是用手持设备拍摄的外景数据，帧率很高，相邻帧有切实有用的互补信息，而且同一场景可以利用的帧数高达 100，能够充分验证算法的优劣。虽然也有更大的视频数据集可以进行训练，如 Vimeo-90k[95]（有 6 万多个训练片段），但 REDS 的多样性和清晰度仍然可以大幅提升视频超分算法的效果。在这次比赛中，我们开发的算法 EDVR[96]脱颖而出，拿到了全部 4 个视频复原赛道的冠军，这也充分说明了深度学习模型的普适性。

EDVR 好在哪里？答案是对齐与融合。多帧对齐的准确性是很大的难题，非常依赖光流算法的精度。然而，我们也可以跳过光流，让网络自己来学习对齐操作，将显式的对齐变成隐式的对齐。EDVR 采用的方法是可变形卷积[97]（Deformable Convolution）。顾名思义，这个卷积的卷积核不是固定的方块状，而是可以变形的。标准 3×3 卷积和可变形卷积如图 7-7 所示。根据相邻图像像素间的相似性，先计算出卷积核位置的偏移量，再用偏移后的像素计算卷积结果。其实计算偏移量在某种程度上就是做运动估计和补偿。更多可变形卷积的介绍可见本章小贴士 3。

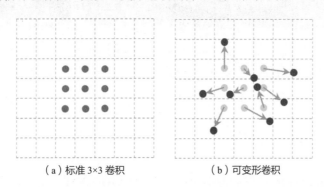

（a）标准 3×3 卷积　　　　　（b）可变形卷积

图 7-7　标准卷积固定在绿点指示的矩形内计算，可变形卷积通过计算得到的偏移量

（蓝色箭头）将固定的矩形范围变形[97]

我们在之后的论文"Understanding Deformable Alignment in Video Super-Resolution"[98]中证明了 1×1 的可变形卷积可以等同于光流对齐操作。但直接使用可

变形卷积有两个问题，一个是它的精度并不比光流估计高，另一个是卷积核的大小限制了它能覆盖的运动范围。为了应对第一个问题，我们将对齐操作放到了特征空间，而不是像素空间，特征不仅可以保留更多的图像信息，而且对精度不敏感。针对第二个问题，我们采用了由粗到细的金字塔式对齐策略，仿照的就是光流估计算法。简单来讲，就是通过降低图像特征的分辨率，让卷积核可以覆盖更多的内容，在低分辨率特征上估计偏移量并进行对齐，然后将这些信息传递到更高分辨率的特征上，进行进一步的估计和对齐操作，这样就可以融合多个尺度上的信息来对齐两帧图像。然后是融合模块，EDVR 提供了一种时空注意力融合机制，让多帧特征的融合不再单纯依靠卷积，而是根据它们之间的相似性来调整权重。这个机制从理念上看很好，但实际效果并不明显，这里不再赘述。EDVR 领先当时第二名的算法超过 1dB，取得了绝对优势，它可以复原单帧算法中没有的细节信息，如文字、楼房和毛发，如图 7-8 所示，引领视频超分进入了新的发展阶段。

图 7-8　EDVR 超分效果图[96]

比赛中开发的算法可以在短时间内突破瓶颈，但这些算法往往很复杂，也相对粗糙。比赛只关注数值结果，不限制计算开销。同时，由于时间有限，我们难以对算法的所有模块进行精细的验证，因此会出现很多冗余的操作。就像 EDVR，它的可变形卷积操作计算复杂度高，训练难度大，主网络也存在大量多余的参数。为了进一步找到视频超分的核心，挖掘它的本质，我们开发了 BasicVSR[99]算法。有趣的是，这种算法不叫 AdvancedVSR，也不叫 BetterVSR，而叫 BasicVSR，这体现了它的基础性、简捷性和有效性。由工程调优转向科学研究，需要抽丝剥茧，把其中最有价值的部分提取出来，从而找到视频超分的钥匙。BasicVSR 通过调研以往的视频超分算法，总结了它们在对齐与融合上的差异，发现了一个新的关键要素：信息传递。以往，我们关注的是如何将多帧图像对齐到中间帧，然后将对齐后的图像或特征进行融合，但忽略了视频本身的特性。视频超分并不等同于多帧图像超分，它是视频到视频的操作，其中的每一帧都是视频流的一部分。换句话说，每一帧都与整个视频流有关，也可以影响视频每一帧的输出。如此一来，所谓的多帧应该包含整个视频。因为每一帧输入都要参与所有输出帧的计算，所以这样做的计算冗余太大了。有没有可能每一帧都只计算一次，却可以被所有输出帧所共用呢？这就引出了信息传递的概念。每一帧提取的特征都被传递到下一帧，通过与下一帧的融合产生新的特征，而这个特征也会被传递到下一帧，直到整个视频流结束。也就是说，每一帧只需要被提取一次特征，也只需要与相邻帧对齐，却可以将这些信息传递到最远的帧。如图 7-9 所示，BasicVSR 中视频的输入和输出都变成了多帧，而且是一一对应的关系，这就跳出了多帧超分的局限，真正进入了视频超分。

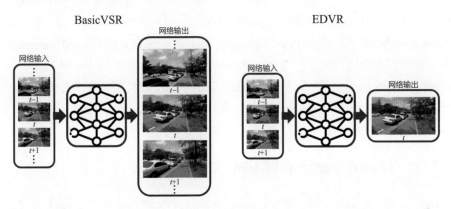

图 7-9　BasicVSR 的输入和输出都是多帧的，EDVR 输入多帧只输出一帧

特征信息的传递可以是从前向后的，也可以是从后向前的，甚至可以是跳跃前进的。只要我们能充分利用所有视频帧的信息，就能发挥视频超分真正的性能。找到了视频超分的关键，剩下的部分就好办了，只需要在信息传递的过程中将相邻帧的特征进行对齐和融合，可以选择光流估计，也可以选择可变形卷积，或者 3D 卷积。最后，将先进的网络结构用在融合阶段，提升网络的拟合能力，就能得到好的视频超分结果。为了证明这个框架的有效性，BasicVSR 采用了最简单的信息传递策略（双向传播）和光流对齐方法（SpyNet），用 6 倍的速度获得与 EDVR 相同的效果，该方法远远超过同等复杂度的其他算法。为了验证 BasicVSR 的可拓展性，我们又提出了改进版的 IconVSR[99] 和 BasicVSR++[100]，增加了信息的传递密度和对齐精度，再次引入可变形卷积，从而进一步提升了效果。BasicVSR++ 也获得了 NTIRE 2021 视频复原大赛的三项冠军，BasicVSR++ 与其他方法的效果对比如图 7-10 所示①。

----

① 括号中为 PSNR 的值。

图 7-10　BasicVSR++与其他方法的效果对比[100]

　　至此，我们深入介绍了视频超分的三个算法，分别代表了它的开始、转折和提升阶段。在这个过程中，我们还可以看到大量新算法的涌现，它们尝试用各种方式来解决对齐的问题，例如动态卷积（Dynamic Filter）、循环神经网络（Recurrent Neural Network）、非局部网络（Non-Local Network）等，感兴趣的读者可以参考我们在 2021 年撰写的视频超分综述论文"Video Super-Resolution Based on Deep Learning: A Comprehensive Survey"[101]，这里不再赘述。2021 年后，视频超分算法迎来新的机遇，分别是新的网络结构 Transformer 和生成模型 Diffusion Model。这两个结构又将重新诠释对齐、融合和重建操作，让我们进入下面的章节。

7.3　Transformer 有何不同

　　Transformer 确实很不同，刚开始，我们将它当作一种拟合能力更强的网络结构，通过替换以往的 CNN 获得更好的效果。但渐渐我们发现，Transformer 与 CNN 有本质的区别，也有完全不同的用法，更有不可思议的潜力，如果没有认识到这一点，那么很容易延续之前的惯性，而错过新的可能性。Transformer 从 2021 年开始就被用于视频超分，叫作 VSRT[102]（Video Super-Resolution Transformer），紧接着，它的升级版本 VRT[103]（Video Restoration Transformer）出现了，同样来自 ETH 的 Radu Timofte 团队。这些网络都取得了比 EDVR 和 BasicVSR 更好的效果，但也有着巨大的计算开销，而且没有展示出 Transformer 的独特之处，所有的处理流程都延续了过去的方式，也就是特征提取、对齐、融合和重建。难道这个流程还能改吗？Transformer 本身的特性告诉我们，也许可以。

　　与 CNN 相比，Transformer 到底有何不同？CNN 的卷积核每次只覆盖局部矩形窗口（Locality），而且在图像所有位置的权重都一样（Spatial Invariance），这个现象又叫作归纳偏置（Inductive Bias）。而 Transformer 采用的是自注意力（Self-Attention）机制，让输入的每个样本点都与其他位置的样本点进行对比，然后根据相似性配比权重，再融合所有样本点的信息获得下一层的结果。换句话说，Transformer 具有全局性，能够解决远距离和长程的信息传递问题。这个特点在视频超分中也是存在的，而且就在关键的对齐操作中。前面已经介绍过两种经典的对齐操作——光流估计和可变形卷积，它们都能估计相邻帧的位移，并进行运动补偿。但光流估计毕竟有精度限制，不可能完全准确，而可变形卷积仍然受制于卷积核大小，不能与更远的像素产生关联。Transformer 有可能突破这个限制，让对齐操作在自注意力机制中自动完成。为此，我们专门探索了 Transformer 与视频超分中对齐的关系，并发表了论文 "Rethinking Alignment in Video Super-Resolution Transformers"[104]。

我们从一组反直觉的实验开始。既然对齐是关键性的步骤，那么去掉它是否一定会影响视频超分的性能呢？为了保证结论的普适性，我们采用了改进版的 Swin Transformer 模块（多帧自注意力模块），并且没有添加额外的分支和连接。Swin Transformer 是专门针对图像设计的高效 Transformer，它将自注意力机制控制在有限的窗口中，这个窗口的大小决定了像素相互影响的范围。同时，考虑到不同视频片段的运动差异，我们将它们分开进行统计，而不是只看最终的平均结果。因此，这个实验的关键就在于，我们要去掉这个默认的对齐操作，来观察 Transformer 对不同视频的影响。实验结果是出乎意料的，我们发现，在移动距离相对较小的视频中，没有对齐操作比有对齐操作更好，只有当移动距离超过了 Transformer 的窗口范围时，对齐才会有正向作用。如图 7-11 所示，当移动距离小于 8 个像素时，使用对齐操作会导致误差增加，而当移动距离大于 8 个像素时，使用对齐操作能带来性能提升。

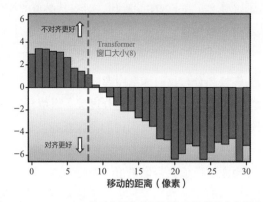

图 7-11　Transformer 中对齐操作给不同移动距离带来的影响[104]

换句话说，在 Transformer 的能力范围之内，加入对齐会影响超分结果。这到底是为什么？我们还需要两个补充实验来得到完整的结论。一个是将光流估计网络与 Transformer 串联在一起，用移动距离较小的视频数据进行联合训练，看光流网络如何进行自我更新。结果光流估计网络逐渐失去作用，最后完全失效，就是说，网络自己也认为，没有光流估计会得到最优效果。另一个是通过可解释性工具局部归因图（LAM[105]，详见 8.1 节）来检验 Transformer 是否有跟踪物体运动的能力。实验表明，Transformer 本身就可以跟踪物体的相对运动，并在不同的帧中选择相同的物体（车牌），而 CNN 没有这个能力，去掉了对齐操作后，它的注意力只在画面中固定位置上，如图 7-12 所示。现在将前面三个实验放在一起，可以得出结论：Transformer 有对齐相邻帧的能力，而且比光流估计做得更好，只要相对运动在自注意力的窗口范围内，就不需要进行额外的对齐操作。

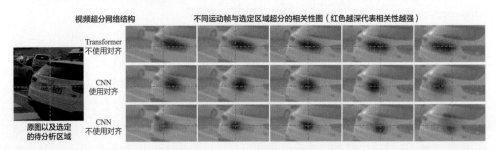

图 7-12　Transformer 具有一定的对齐能力，而 CNN 在不使用对齐模块的情况下只能关注到固定位置[104]

这些实验除了证明 Transformer 的能力，还揭示了一个非常重要的现象，那就是对齐操作的局限性。按理来说，即便 Transformer 自己可以进行对齐，加入额外的对齐操作也不应该起到相反的效果，除非对齐破坏了原有信息，让 Transformer 弥补不回来。这是真的吗？这篇论文可是从一开始就强调对齐的重要性啊，如果没有对齐，就没有视频超分的今天。确实，在 CNN 的时代，对齐是必要的操作，如果没有对齐，相邻帧的信息就无法通过卷积操作进行融合。但这只是权宜之计，对齐所带来的问题被它的效果掩盖了。

让我们回到开始的多帧超分，我们提到图像间的亚像素差异隐含了新的信息，将这些信息变成亚像素填补回图像，就完成了超分过程，而填补亚像素的过程，实际上是在更高分辨率的图像上完成的。现在我们说的图像对齐，是在同等尺度的图像上，将一张图像转换成另一张图像。由于亚像素的变化无法在原始分辨率下直接体现，所以在转换的过程中必然会通过插值获得像素值。如此一来，即便光流估计和运动补偿是完美的，插值后的图像也改变（相当于损失）了原始图像的信息。

这个结论非常重要，以往我们认为对齐操作没有问题，只是对齐算法不够精确。但现在我们知道，对齐操作本身就带来了不可逆的信息损失，限制了视频超分的上限。如果可以在不改变原图信息的基础上进行隐式的对齐，就可以解决这个问题，这也解释了为什么 Transformer 没有对齐可以做得更好。同样的道理，我们在特征图上对齐的效果比在图像上对齐要好，就是因为保留了更多的原始信息。根据这个发现，我们就可以改进当前的对齐操作，让它配合 Transformer 工作。当前的 Transformer 受限于滑动窗口的大小，无法处理移动距离较大的视频帧，那么我们将这些相隔比较远的图像块移动到 Transformer 的窗口范围之内，就可以放手不管了。也就是说，我们对齐图像块，而不对齐像素，用 patch alignment 取代 pixel alignment。这个操作简单易行，有效地解决了移动距离较大的视频超分问题。

最后要注意的是，这个发现并不是 Transformer 的结束，而只是开始。我们只是发现了它的特性，因而改变了以往的对齐操作。实际上，整个算法框架还有很大的变动空间，甚至连对齐、融合和重建都要统一起来。而且，对于信息传递的探索也远没有结束，在 Transformer 的结构中，相邻帧信息应该如何流动，又该如何保存，都是可以持续探索的问题。同时，Transformer 的案例提醒我们，当基础模型发生变化时，我们要重新思考习以为常的流程和结论，才能让新算法真正发挥效力。

7.4　生成模型带来了哪些变化

生成模型带来的变化比想象的要大，它甚至改变了视频超分的目标。视频超分的目标是通过多帧图像复原隐藏的亚像素信息，但有了生成模型，这个目标不再成立。原因是，生成模型可以生成大量虚构的细节，会直接覆盖那些由复原而来的真实信息，使得视觉效果不再由多帧融合所主导，也就大幅弱化了复原的必要性。同时，生成模型带来了大麻烦，那就是帧间不一致性。以往多帧信息带来的都是好处，现在却带来了问题。由于每帧图像的细节都依赖生成，所以相邻帧的细节可以完全不一样，甚至针对同一帧两次生成的细节差异都很大，生成的细节越多，差异越明显。这样一来，生成的视频就会出现细节闪烁、局部噪声、色彩失调、身份改变等一系列问题，总结起来就是帧间不一致（或不连续）。为了保持帧间一致性，需要再次对齐多帧图像，让相邻帧之间可以通信，以此来统一生成的范式。但如果这样做，就会约束生成的可能性，降低生成的细节量和逼真度，也就影响了生成的质量。也就是说，生成视频的画质与连续性成为相互制约的因素，如何在保证画质不变的情况下提升连续性，就成了生成式视频超分的主要任务。这个目标与原来的视频超分大不相同，但还是没有离开时空关系。我们在时空超分部分分析过，时间分辨率和空间分辨率是相互制约也相互促进的。画质本质上属于空间分辨率的范畴，而连续性属于时间分辨率的范畴。当空间分辨率提升时，原有的时间分辨率不再适用，必须同步提升才能满足空间分辨率的要求。也就是说，画质提升得越多，对连续性的要求就越高，它们联合起来需要补充的信息量就越大，而问题也就越难，所以生成模型带来的挑战更大。

我们在第 6 章专门讲过生成式复原，它可以分为生成对抗网络和扩散模型两个主要范式。将生成对抗网络引入视频超分是比较直接的，在原有的模型上加入对抗损失函数（GAN Loss），并通过帧间的特征距离约束一致性，就可以得到生成式视频超分模型，例如 BasicVSR 的升级版 RealBasicVSR。这样的改进不需要更换模型结构，也不用增加模型规模，因此相对简单。但也因为简单，它能够得到的效果提升也很有限。扩散模型就不同了，尤其是以文生图 Stable Diffusion 为代表的基模型，可以大幅超越生成对抗网络的效果，而它的用法也与生成对抗网络完全不同。要想将扩散模型用到视频超分中，就不是改改损失函数这么简单了。首先，模型结构必须依赖基模型，不能完全从零开始训练，否则就会失去强大的先验知识；其次，多帧对齐和约束方案都要根据基模型进行调整，不能随意改动；最后，训练策略和损失函数会变得更加复杂，需要加入参数初始化、迭代优化、修改噪声采样策略等技巧。最重要的是，基模型的参数量很大，往往在十亿个以上，这就大幅提升了训练和测试成本，再加上视频本身有更多的输入和输出，对显存要求更高，使得视频超分的门槛陡然提升，即便只做小小的改动，也要付出很大的算力代价。

基于扩散模型的视频超分才刚刚开始，目前已有的工作还远无法达到预期的目标，这也与基模型的发展有关。目前，基模型的突破主要集中在图像模型上，视频模型虽然已经崭露头角（如 Sora），但都未开源，也不够成熟。因此，视频超分目前只能基于文生图基模型开发，性能受到限制。比较有代表性的论文是吕建勤老师团队的 " Upscale-A-Video: Temporal-Consistent Diffusion Model for Real-World Video Super-Resolution" [106]，它基于 Stable Diffusion (SD) ×4 上采样器，并将其改进成视频超分算法。这篇论文所提出的方法也体现了将图像转化为视频的基本流程。首先，加入时间模块，让基模型可以处理多帧图像，方法是在扩散模型中加入时间注意力层（Temporal Layer），并将 2D 卷积转为 3D 卷积。其次，增加输出图的约束，让输出的多帧图像更加连续，方法是在最后的解码器（VAE-Decoder）中增加时间注意力层和 3D 卷积。最后，为了保障整个视频的一致性，加入信息流动机制，让当前帧的特征信息可以传递到其他帧，进一步增加全局可控性。我们可以看到，这三个策略分别开放了输入、约束了输出、控制了中间，这与之前的视频超分流程既有相似之处，又有很大不同。相似之处在于多帧的利用仍然是重点，信息流动不可或缺；不同之处在于对多帧的约束大于利用，时刻都在防范单帧跑偏。从最后的结果看，引入了文生图基模型后，确实可以获得远超生成对抗网络的效果，如图 7-13 所示，而且继承了文生图的文本控制功能，让生成的图像内容更加真实可控。

Bicubic	Real-ESRGAN	ResShift	StableSR
SD ×4 Upscaler	DBVSR	RealBasicVSR	Upscale-A-Video

图 7-13　Upscale-A-Video 方法与其他方法的效果对比[106]

但就像前面所讲的，这才只是开始，视频的连续性问题并没有被完全解决，而多帧约束的加入也限制了基模型的发挥。同时，不同的基模型也有完全不同的特点，相同的方法未必适用于所有基模型。而且，生成式视频超分缺乏公开的大规模高清数据集和统一的评测标准，难以支持算法的训练和公平对比，因此生成式视频超分还有很大发展空间。

最后，我们来谈谈 Sora，它与我们的主题高度相关。如果 Sora 开源了，那么这部分内容估计要改为基于 Sora 的视频超分模型。Sora 执行文生视频任务，这并不是一个新课题，早在 2022 年，就有很多人开始了此项研究，2023 年，文生视频更是成为各大 AI 研究机构的竞争热门。但为什么 Sora 还是领先了那么多呢？一个很重要的原因就是算法方向的选择。我们一直谈时空关系、时空耦合，就是在强调时空本质上是相通的，不能完全分开处理，视频也不是图像的简单组合，而是有独立特性的。做文生视频任务，绝大多数人研究如何将文生图模型扩展成文生视频模型，而不是开发一个独立的、全新的文生视频模型。文生视频和文生图有本质的区别，如果只是将文生图进行拓展，那么必然会遇到画质与连续性矛盾的问题。而且，时间维度上的连续性并不像约束相邻帧这么简单，它要考虑到内容和运动的多样性，是一个复杂的生成任务。换言之，文生视频是时空生成，而不是多帧图像生成。Sora 就是在这个理解的基础上被开发的，它从一开始就是一个完全的文生视频模型，摆脱了文生图模型的限制，并且用更适合时空计算的 Transformer 建模，方向的不同导致了结果的巨大差距。当然，我们必须承认，从零开始做文生视频风险很大，代价很高，需要的数据和算力都不是一般机构可以承受的。但也正因如此，我们必须佩服 OpenAI 的实力和勇气，他们敢于在开始就做正确的事，哪怕风险很大。也只有能力足够强，才能化风险为机遇。Sora 所开辟的道路让大家认识到了视频的独特性，也让文生视频可以真正以独立的身份登上历史舞台。对于视频超分也是一样的，前面讲得再多，也是在图像的基础上谈对齐、谈融合、谈约束，什么时候视频可以被当成一个整体被处理、被放大、被输出，那么前面的很多问题就不再是问题了，我想这一天并不遥远，让我们拭目以待。

对于时空的交错与融合，我们讲了这么多，好像走了很远，又好像回到了起点。科学研究的目的不完全是寻找答案，也要在寻找答案的过程中寻找意义，以前走过的路那么精彩，它们本身就是答案，就是最大的意义。

 小贴士 1　时间一致性

在现实世界的物理环境中，不考虑有意为之的剪辑手法和处理技巧，视频中物体的语义信息显然是一直保持稳定和连贯的。例如，同一辆车在不同帧中颜色和特征一致，这种性质被称为时间一致性（Temporal Consistency）。然而，在视频处理算法中实现这种一致性却是一个具有挑战性的问题，如图 7-14 所示，不同帧中的汽车颜色无法保持一致。

图 7-14　经过算法处理后的视频颜色出现了跳跃的情况[107]

这样的不一致性通常是视频处理算法在不同帧之间缺乏有效的上下文信息融合导致的，这也是将视频理解为一帧帧图像进行处理带来的弊端。于是，"Learning Blind Video Temporal Consistency"[108]这一经典工作中提出了一种后处理的算法，适用于风格变化、视频上色、图像增强等各类视频处理算法，将帧间不一致的输出结果重新优化，增强时间一致性。具体网络结构如图 7-15 所示，其中 $\{I_1,I_2,\cdots,I_T\}$ 为原视频序列，$\{P_1,P_2,\cdots,P_T\}$ 表示算法处理后的跳跃序列，而 $\{O_1,O_2,\cdots,O_T\}$ 为时间一致性增强后的输出帧。为了有效地处理任意长度的视频，图像转化网络为循环结构，可在线生成任意长度的输出帧。网络根据原视频帧 I_t 和 I_{t-1} 的原生一致性和运动补偿后的 $\hat{O}_{t-1}$ 提供的空间对齐信息，辅以对整个视频的长短时记忆（Long

Short-Term Memory，LSTM），每次输出 P_t 的一致性增强版本 O_t。按照这样的处理流程，最终可以递推完整增强序列 $\{O_1, O_2, \cdots, O_T\}$。

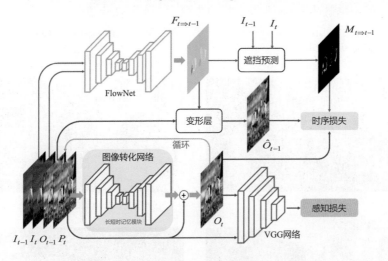

图 7-15　使用基于长短时记忆模块的循环网络增强输出视频的时间连续性[108]

除了通过 LSTM 让网络记忆视频内不同帧的信息，Bonneel 等人还提出在梯度域上约束时间的一致性[109]，Yao 等人提出了一个在线式关键帧的策略处理跟踪动态物体[110]，这些技术本质上都是在利用不同的约束控制帧间信息，感兴趣的读者可自行查阅论文。

 小贴士 2　基于深度学习的光流估计方法

基于光流进行对齐是非常常见的视频帧对齐方式。光流简单来说就是某一时刻物体移动的速度和方向。我们可以利用光流提取当前帧与相邻帧画面的相对位置关系，进而根据该信息执行帧之间的变形（Warping）操作，实现一个帧朝着另外一个帧对齐。基于光流进行对齐的流程图如图 7-16 所示，对于目标帧和其相邻帧，基于特定的光流预测方法就可以得到目标帧中的每个像素的运动情况，即光流估计图。在得到光流估计图之后，我们便可以基于相邻帧进行变形操作，将相邻帧朝目标帧对齐，对齐结果如图 7-16（c）所示。可以看出，相比于图 7-16（b），图 7-16（c）画面中的每个像素点的位置都更贴近图 7-16（a），其中，红色箭头所指人物与电线杆的相对位置尤为明显。

用于估计光流的算法可以分为传统算法和深度学习方法。经典的传统算法如 Lucas-Kanade[111]，它基于亮度不变假设和邻域光流相似假设对光流估计进行建模。

因为环境光照通常不会发生太大变化，所以亮度不变假设认为待估计光流的两帧图像中同一物体的亮度不变。因为通常小范围内物体移动的方向和距离基本一致，所以领域光流相似假设认为以某个像素为中心的 3 像素×3 像素的邻域（也可以是其他大小）内的像素点光流值和该中心点基本一致。基于这两点假设，Lucas-Kanade 算法可估计出光流。

（a）目标帧　　　　　　　　　　　　　　　　（b）相邻帧

（c）对齐结果　　　　　　　　　　　　　　　　（d）光流估计图

图 7-16　基于光流进行对齐的流程图[101]

随着深度学习技术的蓬勃发展，现阶段的光流预测采用深度网络（如 FlowNet[112]、SpyNet[113]），这样做的好处主要体现在可以根据应用的场景和任务在训练过程中进行微调，使得预测效果更好。SpyNet 结合了图像金字塔预测光流，这大大减少了它的参数量，其网络框架图如图 7-17 所示。SpyNet 采用的是一个空间金字塔结构，在金字塔的每层学习残差光流。对于一个 K 层的 SpyNet，输入的图像会被下采样 $K-1$ 次，每层都是一个小的光流预测网络。

一层光流预测网络由以下几部分组成：I 是分辨率 m 像素×n 像素的图像；$d(\cdot)$ 是将 I 下采样到 $m/2$ 像素×$n/2$ 像素，得到相应图像 $d(I)$ 的函数；$u(\cdot)$ 是将图像进行 2 倍上采样的函数。$w(I,V)$ 是一个扭曲算子，基于光流场 V 对图像 I 使用双三次插帧进行变形。

$\{G_0, G_1, \cdots, G_k\}$ 表示一组经过训练的卷积神经网络，每个网络使用前一层金字塔输出光流的上采样版本 $u(V_{k-1})$，同时通过第 k 层金字塔的相邻两帧 I_k^1 和 I 计算当前金字塔层 k 的残差光流 v_k。

$$v_k = G_k\left(I_k^1, w\left(I_k^2, u\left(V_{k-1}\right)\right), u\left(V_{k-1}\right)\right) \qquad (7.1)$$

其中，I_k^2 在输入模型 G_k 之前，会先基于上采样后的光流 $u\left(V_{k-1}\right)$ 进行扭曲。第 k 层金字塔的光流 V_k 为

$$V_k = u\left(V_{k-1}\right) + v_k \qquad (7.2)$$

SpyNet 网络从最后一次下采样图像 I_0^1、I_0^2 和处处为零的初始光流开始，计算出金字塔顶部的残差光流 $V_0 = v_0$。随后，对得到的光流 $u\left(V_0\right)$ 进行上采样，并将其与 $I_1^1, w\left(I_1^2, u\left(V_0\right)\right)$ 一起传递给网络 G_1，以计算残差光流 v_1。随后，每层金字塔都按上述步骤进行处理，最终得到光流 V_k。

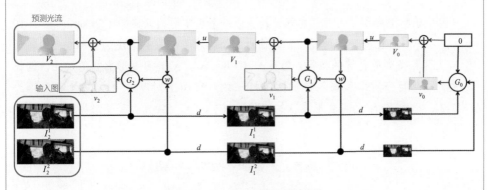

图 7-17　SpyNet 的网络框架图[113]

小贴士 3　可变形卷积

在得到光流后，我们可以根据学习到的矢量信息直接进行显式的运动补偿，对齐帧与帧的内容。这样的方式依赖光流预测的准确度，因此隐式地让网络学习运动估计和补偿也是一类重要的对齐方式。EDVR 采用可变形卷积来实现隐式的对齐功能。

我们知道卷积核的目的是提取输入的特征。传统的卷积核通常是固定尺寸、固定大小的。这种卷积核存在的最大问题就是模式太过固定死板，网络内部缺乏自适应输入特征的机制，即使特征图中存在不同尺度或者不同形变的物体，也只能使用固定的卷积核，感受野有时无法覆盖完整的语义信息。如图 7-18（a）所示，同样是 2 层 3×3 卷积的感受野，画面左边的羊能被完全覆盖，而右边的羊只被覆盖了一部分，这可能对目标检测、图像识别、运动估计这样的任务产生影响。而如图 7-18（b）所示，采用可变形卷积的感受野可自适应地覆盖不同尺度和形状的特征。

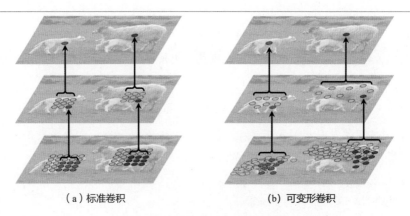

（a）标准卷积   （b）可变形卷积

图 7-18 标准卷积与可变形卷积的对比[97]

相比于标准卷积，可变形卷积只是多了一个可学习的偏移量（Offset）。图 7-19 展示了可变形卷积的计算过程，首先通过一个标准卷积层在维度为 $H×W×C$ 的特征图 X 上计算得到偏移域的特征，维度为 $H×W×2K^2$，K 为可变形卷积的尺寸，偏移域特征的空间分辨率和输入特征图保持一致，空间上对应的 $1×1×2K^2$ 可重排为 $K×K×2$，表示 $K×K$ 的可变形卷积的偏移量 $\Delta P_k = (\Delta x_k, \Delta y_k)$。可变形卷积的计算公式可写作：

$$Y(p) = \sum_{k=1}^{K^2} F(p_k) \cdot X(p + p_k + \Delta p_k) \qquad (7.3)$$

其中，Y 为输出的特征图，F 为卷积核，p 指示特征图中的元素位置，p_k 表示卷积核的第 k 个权重，例如 3×3 卷积核中，$p_k \in \{(-1,-1),(-1,0),\cdots,(1,1)\}$，当前位置 p 为原点（0,0）。Δp_k 表示可变形卷积核 p_k 的偏移量。

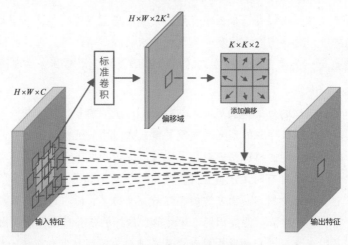

图 7-19 可变形卷积的计算过程[97]

更进一步地，可以将式（7.3）分解，得到空间变形操作：

$$X_k(p) = X(p + p_k + \Delta p_k) \tag{7.4}$$

和空间变形后进行计算的过程：

$$Y(p) = \sum_{k=1}^{K^2} F(p_k) \cdot X_k(p) \tag{7.5}$$

从式（7.5）可以看出，可变形卷积与光流对齐在流程上十分相似，都包含运动或者偏移量估计。接下来我们看一个特例：把卷积核大小 K 设为 1，具体来说就是特征图中每个元素都只有一个偏移量。此时模型会自动根据帧间移动对齐，如图 7-20 所示，通过可视化预测光流和偏移量能发现两者呈现相似的结果。

视频帧　　　　　　　预测光流　　　　　可变形卷积偏移量

图 7-20　预测出来的光流与 1×1 可变形卷积的偏移量十分相似[98]

第 8 章
深度学习中的科学之光：
底层视觉可解释性

很多人说深度学习"不科学"，就像黑盒子一样，没有人知道中间发生了什么，只能根据经验调试效果，再用极致的效果来获得话语权。但事实真的是这样吗？在学术界，有一批很专业的学者，长期深耕一个少人问津的领域——可解释性（解释深度学习的工作机制和深层原理），可解释性像深度学习中的科学之光，照亮它前方的道路，也抚慰它背后的模糊。

不可否认，深度学习的工程性超越了科学性，很多做深度学习的人根本没有读过任何可解释性的论文，也能设计出不错的网络结构。但这并不意味着深度学习不需要科学性，没有科学性的科学研究就像断了线的风筝，不仅没有了安全感，也失去了方向。工程先于科学是很正常的，就像我们先发明了轮子和马车，才有了圆周率和勾股定理。但只有工程而没有科学的支撑是不正常的，就像如果我们造了飞机却没有空气动力学，那么这样的飞机既不安全也无法长久使用。深度学习也一样，它确实发展得太快了，以至于科学发现远远落后于工程创新，每次都是有了新的网络结构，才出现解释它的理论。然而即便如此，可解释性依然被需要，也依然重要。我们需要知道我们的发明是否可靠，我们需要知道我们的成功是否凑巧，我们需要知道我们的评价有没有依据，我们需要知道我们的未来还有哪些可能。更重要的是，即使可解释性没有任何用处，它也必须存在，因为它满足了我们的知性需求，稳固了我们的学科基础，更守护了我们的科研底线。因此，这道科学之光，无论如何都要做，都要讲，都要亮！

但是，研究可解释性很难，需要良好的数理基础、充分的工程经验，也要抵抗得住热点的诱惑。而研究底层视觉的可解释性就更难了，我在 XPixel Metaverse（见图 12-1）里把它放在了一片荒漠中，因为它实在太过冷清，少人问津。这不是因为我们没有要解释的东西，而是因为我们没有勇气踏足这片未知的领域。可解释性不像网络优化那样有固定的方向，我们首先要寻找解释的对象，再发明解释的工具，最后还要验证解释的科学性。底层视觉和高层视觉差异很大，不能完全沿用高层视觉的方法，也不能随意设定新的规则。底层视觉可解释性是一个完全开放的赛道，这些年，我们硬着头皮闯出了一条路，让可解释性有迹可循，也让底层视觉有法可依。每发表一篇关于可解释性的论文，我都由衷地欣喜，因为这是我们坚守初心的结果。下面总结一下我们这些年做过的尝试，希望能抛砖引玉，启发更多优秀的可解释性工作。

8.1　模型的效果为什么好

我们首先要解释的就是模型的效果差异，我们选定的领域是底层视觉里的图像超分。在超分发展初期，新的网络结构层出不穷（在第 4 章中有详细介绍），每个方法都声称自己获得了更好的效果，但很难给出原因，很多人陷在了尝试各种结构和组合的陷阱里。我们需要知道，一个新的网络结构比之前的到底好在哪里，是什么原因让它能够脱颖而出？我们经常可以看到的解释是：网络的感受野变大了，所以看到的范围更广了；网络用到了注意力机制，所以利用的信息更多了；网络用到了更复杂的连接，所以拟合能力更强了。但这些说法是正确的吗？好像有道理，又好像没有证据，反正只要结果好，就总能找到合理的解释。这样很容易误导读者，尤其是对刚开始做科研的同学，他们会以为论文里说的都是对的，也会因此走很多弯路。可解释性首先要做的就是提供性能好坏的依据，让写论文的人和读论文的人都放心。

证据从何而来？我们选择了对输入图进行归因分析（Attribution Analysis）作为切入点。归因，顾名思义，就是归结原因，找到症结所在。对输入图做归因分析，就是发现输入图中哪些区域（像素）对结果影响最大。以图像分类为例，一张图被分类为相机还是蝴蝶，网络是通过哪些区域进行判断的？是否跟人类的判断方法一样？归因分析可以通过计算输出相对于输入的梯度，统计出对输出结果影响最大的输入像素，如图 8-1 所示。同样的道理，我们想知道一个超分网络到底为什么好，就要先检测被它有效利用的信息（像素）有多少。信息利用得多，性能的上限就高。

但要想用好归因分析，就没有这么简单了，我们需要重新制定适用于超分网络的规则，用以区分它与高层视觉里的同类型工作。对比图像分类，我们提出了三条新的原则：第一，超分是底层视觉，需要解释的是局部优劣，而非全局对错；第二，超分生成的是图像，需要解释的是复杂纹理，而非平滑背景；第三，超分是像素到像素的映射，需要解释的是清晰度的提升，而非像素的绝对数值。有了这三点，也就有了开发超分归因工具的依据。

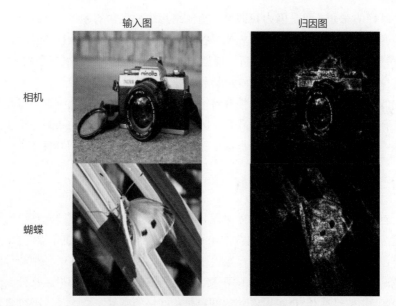

图 8-1 归因图可以高亮显示对图像分类结果有重要影响的区域[114]

　　归因方法讲起来有些复杂，它有十多年的发展历史和一系列理论公式，这里不详细展开，只做概念引导。想象一下，一张图的清晰度由低到高，必然经历某些过程。刚开始，图像很模糊，只需要网络中心的一些像素提供信息进行计算，性能就可以快速提升；当图像越来越清晰时，中心的像素信息不够用了，就要逐渐扩大网络范围，找周边的像素来计算；当清晰度不再提升时，会用到更边缘的像素来稳定指标。这个现象启发我们，要归因整个变化过程，而不只是最后的结果。为此，我们选用了积分梯度归因方法[114]（Integrated Gradients），具体介绍可见本章小贴士 1。我们用边缘检测算子来计算清晰度，用高斯模糊来模拟清晰度的变化。通过计算选定区域与输入图之间的积分梯度，可以得到影响最大的像素分布，也就是网络实际利用的输入信息（简称有效信息），我们把该方法叫做局部归因图（Local Attribution Map，LAM）。发表在CVPR 2021 上的论文 "Interpreting Super-Resolution Networks with Local Attribution Maps" [105]只有两位作者，顾津锦和我，津锦为底层视觉可解释性的开创和发展起到了奠基作用，后续的可解释性工作也都有他的贡献，值得专门提一下。

　　我们将局部归因图作为工具，发现了很多有意思的结论，下面列举几条。

　　（1）网络的感受野并不等价于有效信息量，感受野大到一定程度后，有效信息量不再增加，即便感受野扩展到全图，利用到的信息也只是中心区域附近的。

　　（2）加深或加宽网络不一定能增加有效信息量，网络到达一定规模后，有效信息量也不再增加。

（3）有效信息量越大，网络性能可能越好，超分图的 PSNR 值与利用像素范围之间的皮尔逊相关性高达 0.85，但既然没有到 1，就代表不绝对。

（4）好的注意力机制确实可以关注到更远的信息，比较复杂的混合注意力网络可以直接关注到全图，如图 8-2 中 SAN 所示。

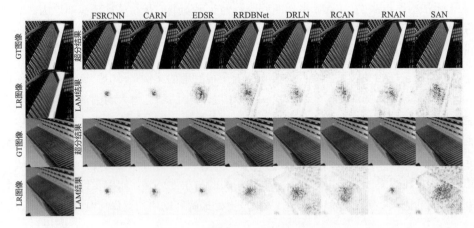

图 8-2　不同超分网络的 LAM 结果对比[105]

（5）网络所利用的有效信息量与图像内容也有关系，对有规则纹理的图像，网络能有效利用的范围很大，但对有独立语义的区域（如眼睛），网络就只会关注中心局部，如图 8-3 所示。这也说明，不同网络的性能差异主要来自对规则区域的处理，而非所有区域，因此超分网络还有很大提升空间。

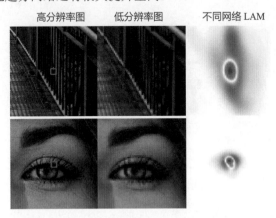

图 8-3　超分网络对于不同图像内容利用到的像素范围对比，LAM 中的红色表示绝大多数网络能利用到的范围，蓝色表示好的超分网络能额外利用到的范围[105]

这些结论都很有启发性，它让我们肯定或否定了之前的一些说法，支持了新的结构设计，也给出了未来可能改进的方向，这就是可解释性算法的价值所在。

8.2 从相关关系到因果关系

LAM 并不完美，它最大的问题就是无法判断有效信息起到的是正向作用还是负向作用。有些网络虽然用到了更多的像素，但那些像素也有可能损害输出结果，这是 LAM 无法检测出来的。LAM 虽然叫归因，但实际归纳的是相关性，而非原因。真正的归因应该用因果分析（Causal Inference），相关并不等同于因果（Correlation does not imply causation）！

我们经常把相关关系看成因果关系。一个很有趣的案例是 2012 年《新英格兰医学杂志》上的一篇文章，它统计了欧洲各个国家每年的巧克力人均销量与诺贝尔奖得主的数量，发现相关性极高，如图 8-4 所示。于是作者得出结论，说吃巧克力可以增加得诺贝尔奖的概率，这就让人笑掉大牙了。后续甚至有人通过统计，得出宜家的数量与诺贝尔奖得主的数量也有很好的相关性的结论，这里面难道也存在因果关系吗？显然，相关比因果的范围更大，而因果比相关的科学性更强。如果我们能发现输入与输出之间的因果关系，就能够改进 LAM，更好地解释网络的运作机制。

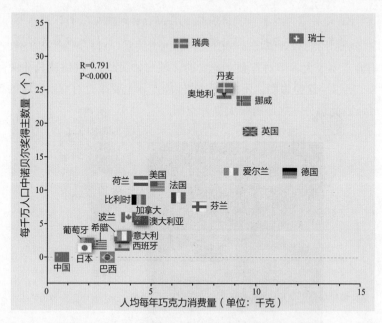

图 8-4 各国巧克力消费量与诺贝尔奖得主数量的统计[115]

因果理论从未被应用在底层视觉中，它应该具备哪些新的特点呢？首先，它可以准确地衡量不同输入像素的贡献程度，包括负贡献；其次，它适用于绝大多数底层视觉网络，包括处理多种任务的通用模型；最后，它简单易行，消耗的资源和时间都在可承受范围内。为了满足这三点，我们选择了因果理论中最经典的干预操作 $do(p=x)$[116]（意思是将变量 p 直接赋值为 x，保持系统内其他变量不变，具体介绍可见本章小贴士2），并将其拓展为完整且通用的底层视觉因果解释算法。

干预操作的原理很简单，就是通过改变某个输入变量的值，检测它对输出的影响。例如，我们发现一年中 T 恤的销量和冰激凌的销量几乎同时上升和下降，于是我们固定 T 恤的销量（或者干脆不卖 T 恤），看它对冰激凌销量的影响。显然，冰激凌销量不受影响，所以 T 恤销量对冰激凌销量的因果效应为 0（No Causal Effect）。同样的道理，我们通过改变一部分输入像素，看它对输出结果的影响，就可以发现它们之间的因果关系。例如，我们改变图像外围平滑区域的输入像素，发现中心纹理的输出结果变好了，就说明改变前的像素给中心纹理带来了负因果效应（Negative Causal Effect），这个现象在使用了注意力机制的网络里普遍存在。

为了更好地使用干预算子，我们还需要制定相应的规则来决定"干预什么"和"如何干预"。底层视觉都是以图像为输入和输出单元的，因此干预的应该是有语义的图像块，而非无意义的单一像素强度（Intensity）。这种干预也应该发生在全图范围内，而不是只在某个局部区域进行。至于如何干预，就有更多可能性了，我们先给出基本原则。

首先，干的应该是图像内容，而非退化信息，例如对于一张有噪的图像，我们在改变它的图像内容的同时，不能改变原有的噪声分布，否则就加入了新的干扰因素。其次，干预应该是有效的，能对输入产生切实影响，只是对图像块做微调不能满足要求，如图 8-5 所示，使用轻度的模糊干预得到的图像块与原图像块并没有显著差异。同时，干预本身不能改变原有的图像分布，产生极端的影响，如图 8-5（c）所示，直接将图像块整个赋值为 0，就会破坏图像内容，进而严重改变网络的计算，也就不能得到有效的因果信息。最后，干预所产生的结果应该足够鲁棒，否则就得不出可靠的结论。

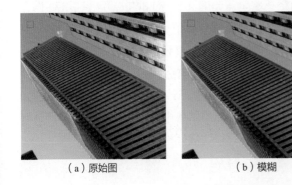

（a）原始图　　　　　　　（b）模糊　　　　　　　（c）零值

图 8-5　使用不同方式干预图像块[117]

　　要满足这么多原则，就需要谨慎地选择图像块的大小、干预的次数、干预的来源、干预后的计算方法，以及干预的效率，最后得出完整的算法流程。涉及具体的算法时，反倒要略讲，因为它肯定不是唯一的答案，甚至也不是最优解，只是在原则范围内的合理解。比算法更重要的是动机（Motivation）和算法的设计原则（Principle），它们代表了我们对该问题的本质思考，也决定了算法的方向和意义。

　　那我们给出的合理解是什么呢？简单的流程是这样的：给定一个感兴趣的图像区域（Region of Interest，RoI），对该区域以外的输入图进行干预，每次干预的图像块大小为 8 像素×8 像素（对于 256 像素×256 像素的图像），干预次数为 500，干预所选用的图像块来自自然图像数据集。然后计算干预前后输出结果的指标差异，再根据统计的平均结果，得出因果效应的具体数值。这样得到的图像简称 CEM（Casual Effect Map），如图 8-6 所示。通过不同的颜色，我们可以清晰地辨别出正向（红色）和负向（蓝色）因果效应，饼图统计的是正向、负向，以及无因果效应图像块占全图的比例，色条统计的是因果效应范围。相比于 LAM 展示出来的相关性，CEM 能发现更深层次的因果性。

　　这个算法还能继续优化，从而提升计算效率。优化的方法就是减少干预的次数，同时保证干预的有效性和鲁棒性。先通过简单的几次干预，筛选出因果效应明显的区域，再对这些区域进行更多次的干预。不再随机选择干预的图像块，而是按照自然图像的分布进行采样，让 50 次干预产生 500 次干预的平均效果。这个策略可以将算法的平均速度加快 20 倍，并保持与原算法相当的准确率。

　　有了因果效应图，我们又能得到哪些有趣的结论呢？这里选择了三点。

　　（1）利用更大范围的有效信息（像素）并不一定能带来更好的效果，因为很多信息带来的是负向作用。而且利用的信息越多，算法被误导的可能性就越大，对外围像素的敏感性就越强。一个典型的案例就是 RCAN，它运用了通道注意力机制，可以看到全图信息，但也容易被单个像素的变化影响。如图 8-7（a）所示，观察 LAM 图，我们可能因为其优秀的全局捕获能力，得出 RCAN 有效地处理了这张图像的结论。然而，通过观察 CEM 会发现，虽然 RCAN 关注到了几乎整张图像，但它们起到的作用大部分是负面的。另外，图 8-7（b）的实验也展示了 RCAN 的敏感性，我们只需要修改最负向图像块中的一个像素（赋值为全 0），就可以让 RoI 的超分效果显著变化，PSNR 数值提升了 5dB 以上，且纹理恢复正确，原始结果中不自然的斜向纹理不再存在。SwinIR 则表现得相对稳定，对外围信息不那么敏感。

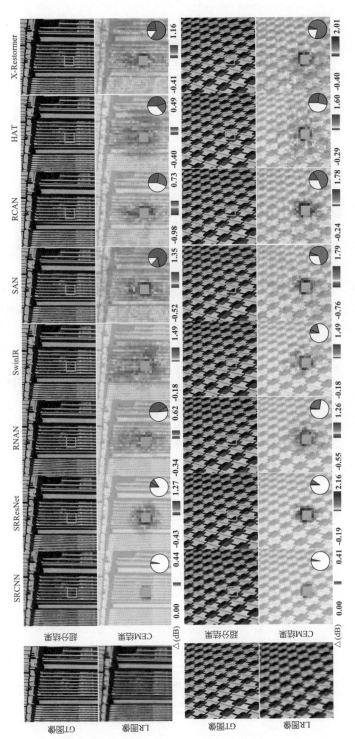

图 8-6 不同超分网络的 CEM 结果对比[117]

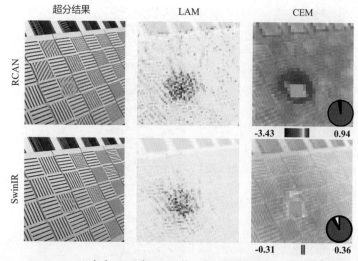

（a）RCAN与SwinIR的LAM和CEM结果对比

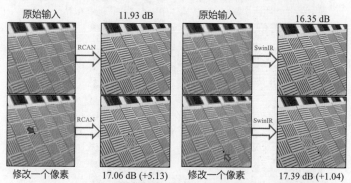

（b）修改RCAN和SwinIR各自最负向图像块中的一个像素，
RCAN超分结果显著变化，SwinIR相对稳定[117]

图 8-7　利用更大范围的有效信息（像素）并不一定能带来更好的效果

　　（2）在去噪任务上，绝大多数网络会缩减关注区域，而无法像在超分任务上那样利用大量的全局信息，RoI 区域外信息造成的因果效应也很小，如图 8-8 所示。这说明去噪任务本身并不需要太多图像内容来辅助，也就无须精心设计复杂的网络结构以提高感受野。

　　（3）当一个网络能处理多种图像复原任务时，它就只会关注要复原的区域，而忽略大部分外围信息，尽管同样的网络模型在处理单任务时能够利用较大的范围，如图 8-9 所示。使用多任务混合的训练方式无疑会损失一部分任务的性能，如超分。因此，这些多任务模型无法做到在每个任务上都取得最佳性能，即使增大模型规模，也不会增加网络对信息的利用量。只有设计出可以自适应到不同任务上的网络结构，才能实现真正意义上的通用。论文"Interpreting Low-level Vision Models with Causal Effect Maps"[117]是我们应用因果理论做可解释性的初步尝试，实际上，还有很多因果方法可以用来进一步提升准确性和效率，我们也期待未来会有更多新的发现。

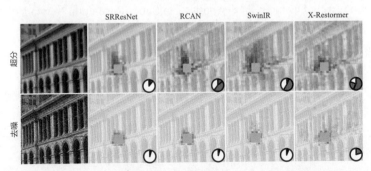

图 8-8　同样的网络在同一张图上处理不同任务时的差异[117]

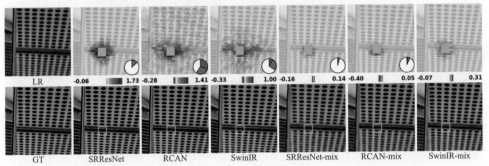

图 8-9　多任务混合的通用模型与超分专用模型的结果对比（mix 表示多种任务混合）[117]

8.3　模型内部究竟学到了什么

可解释性除了可以帮助我们提升网络的性能，还可以发现模型内部的工作机理，满足我们的好奇心。好奇心可不是没有用处的东西，它不仅是科学研究的原动力，也是人类超越动物性的重要特质。对于深度学习的黑盒子，我们一直在想方设法打开它，看看中间究竟发生了什么。那么在底层视觉中，我们都有哪些疑惑想要得到解答呢？我们先看一个具有普遍性的问题：底层视觉经历了由传统算法到深度学习算法的转变，性能也大幅提升，那么它在学习机理上究竟发生了哪些根本性的变化呢？

我们可以将底层视觉里的经典任务——超分作为研究对象。在传统算法中，超分问题被建模为从像素到像素的回归问题，例如插值算法，就是在计算最优的回归方程。而到了深度学习时代，超分可以被建模为从图像到图像的复杂非线性映射，那么它究竟还是不是一个简单的回归问题呢？还是在复杂的映射中，出现了我们未知的元素？我们从高层机器视觉的应用中也可以发现，深度网络可以梯级化地提取语义特征，从而实现更加精准的分类和识别。然而底层视觉有所不同，它并不需要对语义进行抽象，只需要关注局部信息，然后进行像素级别的计算。大致来讲，高层视觉倾向于做分类任务，而底层视觉更偏重回归任务。既然有这样的区别，我们就会好奇，以深度学习为基础的底层视觉算法，究竟与传统算法和高层视觉算法有什么区别和联系呢？我们在论文"Discovering Distinctive 'Semantics' in Super-Resolution Networks"[118]的完成过程中，发现了超分网络中独特的语义信息。

这段旅程从一个对比实验开始，目的是找到传统算法和深度学习算法的差异。我们选取了传统的去噪算法 BM3D[119]、最早的深度超分算法 SRCNN，以及稍晚一些的盲超分网络 CinCGAN[120]，后两种算法都在有噪数据集 DIV2K-mild 上训练。为了测试它们的性能差异，我们对如下三组图像进行处理，第一组是 DIV2K-mild 中的图像，第二组是改变了噪声分布的 DIV2K-noise 的图像，第三组是另一个数据集 Hollywood 里的有噪图像。从图 8-10 中可以看出，传统算法 BM3D 的表现非常稳定，它对三组图像都有去噪能力，但由于没有针对专门的噪声优化过，BM3D 对三组图像的去噪效果差不多。SRCNN 的表现与 BM3D 接近，它在训练过的图像上表现很好，但在未见过的第二、第三组图像上表现一般。而 CinCGAN 就很不同了，它在第一组图像中表现最好，但在剩下两组图像中表现最差。更让人惊讶的是，它表现差并不是因为处理不好，而是因为几乎不做处理，好像它事先知道这些图像不是它训练时见过的图像，所以直接忽略它们，这可不像数值回归所做的事！对于正常的回归算法，即便是回归得不准确，也一定会有一个回归结果。这里出现了明显的分类痕迹，也就是说，回归之前，算法先进行了分类，然后才做回归。这样的事情在传统算法中是不会出现的，虽然传统算法的效果差强人意，但至少稳定可控。深度学习算法强烈地过拟合到训练数据集，而对训练数据外的测试数据相当挑剔，且表现难以琢磨，这就在无形中增加了深度学习应用的风险。那么网络内部到底发生了什么，让它有这样的表现呢？如果我们了解了网络的深层运作机制，有没有可能改变它的行为呢？

下面就用可解释性的方法进行分析。我们选择对深度特征进行抽象和分类。首先，通过主成分分析法（PCA）对深度特征进行初步降维，消除大部分冗余信息，剩下 50 维的向量。然后，用 t 分布随机邻域嵌入（t-Distributed Stochastic Neighbor Embedding，t-SNE）继续将深度特征降至二维，可以在图上进行显示。换句话说，每张输入图像经过深度网络之后所得到的复杂特征，都会被抽象成一个二维空间点。我们将不同的输入和不同的网络所生成的特征放到同一张图像上，就能看到它们之间的相对距离。用这种方法，我们将 CinCGAN 的三组测试图像生成的深度特征投影到二维平面上，发现它们分得很开，各自形成了一类，如图 8-11（a）所示。也就是说，网络从特征层面上就区分了不同类型的输入。如果将 SRCNN 的特征进行投影就看不到这样的差别，所有类型的点聚合到一起，使得网络不会区别对待不同的输入，如图 8-11（b）所示。这说明比较浅的网络并不具备分类能力。同样地，如果我们用 SRGAN 或 SRResNet 进行实验，也会得到相同的结论，它们都能区分不同的输入。

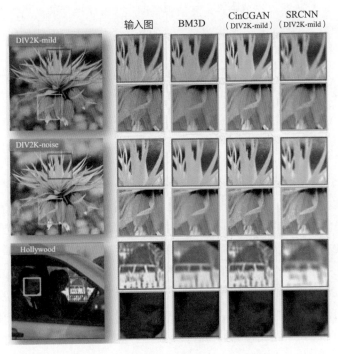

图 8-10　算法处理不同退化图的效果对比[118]

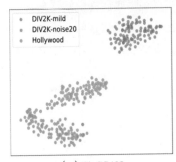

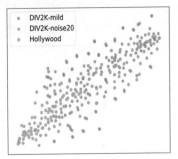

（a）CinCGAN
（训练：DIV2K-mild）

（b）SRCNN
（训练：DIV2K-mild）

图 8-11　CinCGAN 和 SRCNN 对不同数据深度特征聚类的结果

　　深度网络具有独特的性质，分类的程度随着网络的加深逐渐明显，而如果只用浅层的特征来做实验，就无法得到这样的结果。那么网络进行区分的依据是什么呢？如图 8-12 所示，我们继续对比了纯粹的分类网络 ResNet18，发现它的深层特征并不会根据输入的退化类型进行分类，而是根据语义内容进行分类。例如，车和鸟会被分成两类，但不同退化类型的鸟会被分成一类。SRGAN 和 SRResNet 恰好相反，它们会根据退化类型进行分类，而不管内容是车还是鸟。这就展示出了高层视觉和底层视觉在深度特征上的不同性质。简单来讲，高层视觉网络提取了图像的高层语义信息，而底层视觉网络学习了图像的底层质量信息，它们都在做分类，但分类的依据不同。

  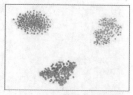

（a）ResNet18（分类网络）　　　（b）SRResNet（超分网络）　　　（c）SRGAN（超分网络）

图 8-12　高层视觉与底层视觉网络对深度特征的分类依据不同，颜色代表图像类别，形状代表退化类型

知道了这样的区别后，我们就能回答之前提出的问题了。基于深度学习的底层视觉算法与传统算法最大的不同，就在于它对输入进行了分类，而这种分类也是网络过拟合到特定数据类型上的结果。那么，我们能否避免这种行为呢？最简单的方式就是让网络尽可能多地见到各种类型的数据。当数据类型足够多时，网络的深层特征就不会再有可分度，也就会对所有输入一视同仁地进行处理，这种方式在之后的通用超分网络 Real-ESRGAN 中会被用到。换个角度，如果我们在训练时就强制约束网络的深层特征不具备可分度（距离接近），就可以在某种程度上缓解过拟合问题。除此之外，我们还可以利用网络的这种特性对输入进行分类，即便是从来没有见过任何噪声的底层视觉网络，也可以轻易地将不同的噪声分开，可以说，底层视觉网络是天然的图像质量描述器。如果我们发现网络将两种输入分得很开，就说明它们的内在特性很不一样，这比很多传统的图像质量评价算法更加准确。当然它的拓展还有很多，尤其是关于泛化性的部分，8.6 节会专门讲解。

8.4　网络是如何学习多任务的

以上介绍了单一任务网络的可解释性研究，但网络的能力远不止这些，尤其是当网络规模增加时，它可以同时处理多种任务，那它是如何做到的呢？网络是否出现了某种程度的智能？转换成底层视觉的语言，这个问题就变成了：当网络同时学习多种底层视觉任务时，它是否可以自动识别退化信息，并在网络内部分门别类进行处理？这个问题之所以重要，是因为我们通常认为网络很难识别不同的任务，需要额外的先验信息进行辅助，但真的是如此吗？为此，我们还是先做一个对比实验。实验的任务是同时实现超分、去噪和去模糊三个功能，对比的是两种不同类型的网络。一种叫双分支网络，它的主分支是复原网络，旁分支是退化类型估计网络。旁分支的目的是提供图像的退化信息，帮助主分支对不同类型的图像进行复原，本章小贴士 3 中对这种网络进行了介绍。这样的网络设计一度成为主流，例如 DAN[121]和 DASR[122]。另一种叫单分支网络，也就是只有一个复原网络，例如 SRResNet。无论是在网络的先进性上，还是在双分支的设计上，我们都认为 DAN 和 DASR 会明显好于 SRResNet，但当将单分支和双分支网络设定为相同大小时（参数量相近），我们从图 8-13 展现的结果能发现它们的性能竟然相差无几！

图 8-13　参数量相近的双分支和单分支网络性能相差无几[123]

也就是说，即便没有其他分支来辅助，网络一样可以自适应地处理所有输入。那么网络到底是如何做到这一点的呢？我们是否可以在一个大网络里找到实现不同功能的子网络呢？这些问题被浓缩在论文 "Finding Discriminative Filters for Specific Degradations in Blind Super-Resolution" [123]中。

带着这样的好奇心，我们设计了专门针对网络内部参数的可解释性工具——基于积分梯度的滤波器归因法（Filter Attribution Method Based on Integral Gradient，FAIG）。这里面的两个单词是不是有点儿熟悉？Atrribution 和 Intergral Gradient。没错，这是归因和积分梯度的方法，只不过这次被用在了滤波器上（等同于网络参数）。只要我们能够定位到实现不同功能的滤波器，就可以划分出相应的子网络，通过探索这些子网络的特性，就可以揭示网络内部的运行机制。我们还是先来简单看一下 FAIG 的工作原理。既然是用归因，就需要设定起始点（Baseline Model）和目标点（Target Model），通过积分从起始点到目标点的参数变化，就可以找到响应最大的部分。目标点显然就是在超分、去噪、去模糊上都训练好的模型，而起始点代表的是特定功能的缺失。我们用只在超分上训练的模型来代表，这样就可以看网络内部到底哪些区域在做去噪，哪些区域在做去模糊。我们将只有超分功能的网络通过参数微调（Finetune）得到可以同时超分、去噪、去模糊的网络，然后对网络所有位置上的参数变化做积分，得到各个滤波器的贡献排序。当然，我们还需要考虑不同滤波器之间的功能差异，让负责去噪的滤波器和去模糊的滤波器尽可能分开，也要考虑数据集内部的图像差异，让所有结果在整个数据集上求取平均，然后就可以更加准确地得到网络内部各个滤波器的功能情况。

实验结果表明，网络内部确实自动学习出了专门去噪的子网络和专门去模糊的子网络，而且它们的分布很不相同。如图 8-14 所示，负责去模糊的子网络主要集中在网络后端，而负责去噪的滤波器几乎平均地分布在网络各处。更令人吃惊的是，这些专用滤波器的数量非常少，只占全部滤波器数量的 1%，难以想象网络仅靠这么少的参数就实现了主要的功能。

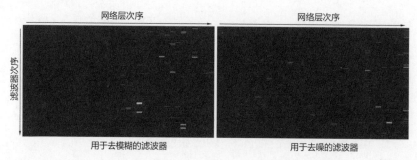

图 8-14　SRResNet 中 1%具有专用功能的滤波器分布情况[123]

我们将这 1%的去噪滤波器替换成原有的超分滤波器，发现网络失去了去噪功能，但仍然保留了去模糊功能。同理，如果我们将 1%的去模糊滤波器替换成原有的超分滤波器，网络就会失去去模糊功能，但保留去噪功能，如图 8-15 所示。你可能会疑惑，那剩余的 98%的滤波器在做什么？它们并非无用，而是在实现基本功能，保证输出的图像没有瑕疵。而且，滤波器通常要承担一些去噪或去模糊的功能，只是没有非常突出，也就是说，在归因的时候贡献不大。

图 8-15　屏蔽特定滤波器使网络丧失对应功能，但其他功能不受影响[123]

这项工作让我们看到了网络内部的工作机制，引发我们对于多任务网络设计的重新思考：如果一个网络可以自动学习三种功能，那么是否可以完成更多的任务呢？更大的网络是否可以学到更多的功能？外在的先验信息真的没有价值了吗？一个通用的底层视觉大网络应该如何设计？我们可以从一项可解释性的工作引出很多问题，这些有待后来者继续研究。

8.5　底层视觉的泛化性问题

泛化性问题（Generalization Problem）是深度学习算法面临的最大难题，也是计算机视觉算法落地的最大障碍。所谓泛化性，指算法能够广泛地处理各种类型的输入，尤其是真实场景中出现的各种图像。深度学习以出色的拟合能力著称，也因此容易过拟合到特定的数据集，难以在更广泛的场景中应用。我们在 8.3 节和 8.4 节中已经或多或少涉及了泛化性的问题，要想让深度学习算法同时具备良好的拟合能力和泛化能力，就必须对它的本质进行更深入的研究。然而，很多人都会想当然地认为，只要网络足够大，数据足够多，就能解决泛化性问题，于是盲目地增加网络规模和数据量，但这样真的能解决问题吗？我们就在底层视觉里打破这样的认知吧！

要研究泛化性，必须先选择合适的任务。一般的底层视觉任务是连续的数值问题，不太容易进行直观的研究。为此，我们特别选择了去雨任务。雨是一种典型的加性噪声，有雨和无雨可以很直观地看出来，而且雨的大小、多少都可以连续调整，特别适合泛化性研究。简单来讲，如果算法在训练时只见过小雨，而在测试时可以去除大雨，就是具备在大雨上的泛化性，反之亦然。为了让评估更加精确可靠，我们将雨的去除程度和图像的复原精度分开计算，而不是用一个简单的 PSNR 来衡量。这里讲的泛化性更倾向于雨是否去除干净，而不是图像内容复原是否准确。举例来说，一个小的网络可以具有很强的泛化性，却未必有足够强的复原能力，如果我们只用一个指标来衡量，就会混淆两者。由于在仿真雨图的过程中，我们可以准确地记录雨线的位置，所以可以把雨线和背景完美地区分开，这也是其他底层视觉任务不具备的特性。我们通过比较雨线去除的情况来判断泛化能力，通过背景的生成情况来衡量复原效果，两者合在一起就是图像去雨的结果。

那么要怎么研究去雨任务中的泛化性呢？我们必须先提出假设，然后通过实验来验证假设。我们的假设是，网络在训练过程中，会根据训练数据和雨线范围的不同改变学习方向，从而带来不同的泛化能力，这里的关键变量是训练数据和雨线范围。为此，我们需要阶梯化地设置不同难度的训练数据和雨线，让网络的学习行为发生连续性的变化，从中观察泛化性的奥秘。先看训练数据，我们常用的训练数据集是 DIV2K，它符合自然图像分布，为了调整数据的复杂度，我们可以改变训练时所用的图像数量，从 8 张到 3 万张不等（此处已经将分辨率 2K 的原图切割成 128 像素×128 像素的图像块）。然后设置雨线，我们用固定大小的雨做测试，然后用不同大小和范围的雨做训练，并将其分成小、中、大三个档位，训练和测试的雨线模式没有交集。在这种情况下，我们先固定数据集复杂度来调整训练时的雨线范围，再固定训练时的雨线范围来改变训练数据的复杂度，并记录不同深度学习网络在去除雨线和背景复原上的性能表现。

有趣的结论出现了。当我们固定雨线的大小范围，而不断增加训练图像的数量时，网络的泛化性（去雨能力）竟然在降低，当只用 8 张图像训练时，泛化性反倒是最好的。这可让我们大跌眼镜，怎么可能用的图像越少，泛化性越好呢？即便我们换了不同的网络（ResNet、SwinIR 和 UNet）和数据集（人脸数据集 CelebA[124]、漫画数据集 Manga109[125]和建筑数据集 Urban100[126]），也产生了相同的现象，如图 8-16 所示。

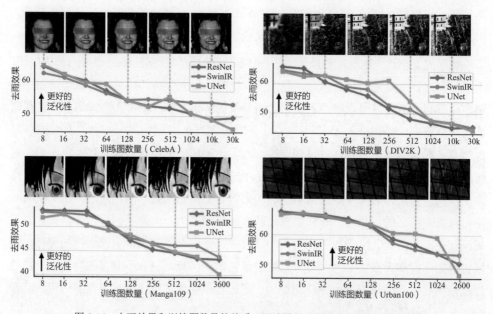

图 8-16　去雨效果和训练图数量的关系，测试图和训练图雨线类型不重合[127]

但是，当我们改变了雨线的范围时，这个结论发生了变化，当训练用的雨线范围增大时，这种泛化性的下降趋势也在减弱。当采用大范围的雨线训练时，直到训练图像数量增加到 512 张，网络的泛化能力才明显下降。换言之，训练数据的难度与雨线的范围共同决定了网络的泛化性。通过绘制如图 8-17 所示的曲线，我们找到了它们之间的关系。当雨的复杂度较低时，少量的训练数据就能让网络学习到雨线，而雨线类型越复杂，需要用到的训练数据就越多。此外，当训练数据量超过学习所需的数量时，会导致网络泛化性下降，无法处理训练集中没有的雨线类型。

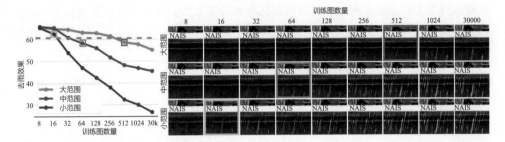

图 8-17　训练图中带有不同范围的雨线时，网络的泛化性曲线明显不同，蓝线以下代表泛化能力较弱[127]

　　之所以会出现这种现象，是因为我们的深度学习网络倾向于过拟合到比较简单的分布上。如果图像内容简单，就拟合图像；如果雨简单，就拟合雨。当网络拟合图像时，就表现出更强的去雨能力（泛化性），但也会产生对特定图像的依赖，从而降低图像复原能力。相反地，当网络拟合雨时，就表现出更强的复原能力，却无法去除未见过的雨。我们把网络倾向于过拟合更简单分布的特性形象地比喻为"网络在偷懒"（Slack Off），本论文的题目即为"Networks are Slacking Off: Understanding Generalization Problem in Image Deraining"[127]。为了平衡两种性能，最好的策略就是增加网络学习雨的难度，强制网络学习图像内容分布，同时扩大雨的范围，增加可学习的图像数量，这样一来，就可以控制网络的行为，获得我们想要的泛化性。实验表明，通过简单地改变训练图像数量和雨的范围，就可以大幅提升网络的泛化性和整体的去雨效果，如图 8-18 所示，这比单纯地增加网络规模和训练数据有效得多！

（a）输入图像　　　（b）网络输出　　　（c）大量训练数据　　（d）大量训练数据　　（e）少量训练数据
　　　　　　　　　　　　　　　　　　　（图像内容）　　　　（雨线类型）　　　平衡内容和雨线复
　　　　　　　　　　　　　　　　　　　　　　　　　　　　　　　　　　　　　　　杂度

图 8-18　通过简单地改变训练图像数量和雨的范围，大幅提升网络的泛化性和整体去雨效果[127]

　　这样的特性也给了我们做大网络的依据，要想获得好的效果，必须同时兼顾数据集的难度和退化的难度，引导网络学习数据分布，才能获得真正的泛化性。这项工作可以探索的点还有很多，例如如何量化数据集的难度，如何衡量网络规模和学习能力，如何找到三者的平衡点等。可解释性的工作都是开放的，没有固定的格式和路径，挖得越深，就越可能发现新的宝藏。

8.6 做个泛化性指标吧

前面对于泛化性的研究只涉及去雨这一个任务，无法拓展到其他底层视觉任务，而且我们只是定性地进行分析，无法进行定量的比较。有没有办法设计一个定量的泛化性指标，让底层视觉的大部分任务都可以用呢？这个问题问出来容易，解决起来难。纵观领域里现有的论文，大多数通过挑选一些真实图像来展示泛化性，还找不到一个通用的指标。如果通过挑选对自己算法有利的图来说明自己的算法比别人的好，那么不仅是以偏概全，也有违科学的严谨性。我们需要知道算法的边界到底在哪里，这样才能知道具体的改进措施。

为了设计一个全新的泛化性指标，我们必须对"底层视觉的泛化性"这个概念进行深入地研究和探讨，并从中找到可能的突破口。泛化性评价即 GA（Generalization Assessment），要讨论它，可以从与它最接近的概念——图像质量评价（Image Quality Assessment，IQA）开始。我们知道 IQA 可以用来评价图像质量的好坏，那么它是否可以当作 GA 用呢？显然没有这么简单，IQA 的很多特性都无法满足泛化性指标 GA 的要求。

首先，IQA 评价的是图像的绝对质量，而 GA 衡量的是相对质量，或者叫性能的稳定性。众所周知，传统算法比深度学习算法拥有更好的泛化性，却不能在特定数据上取得最佳的性能，因此泛化性不能等同于图像质量，它评价的应该是算法而不是图像。其次，IQA 对图像内容非常敏感，不同的图像会产生完全不同的 IQA 数值，但 GA 评价的应该是不同图像类型（或退化）之间的性能差异。我们关注的是模型能否泛化到某种退化类型的图像上，而非某张图像或某个数据集上。最后，我们面对的大部分真实场景没有参考图像，而现有的无参考 IQA 算法都不够精确，远远不能作为可靠的指标使用。通过以上分析可以知道，IQA 和 GA 是不同的概念，它们有相似之处，也有互补的地方，构成了模型的两个评价维度。那么，要设计一个 GA 指标，又应该遵循哪些原则呢？这里列出三点。

（1）GA 评价模型本身，因此要用到模型内部的特性，而不仅仅是输出结果。

（2）GA 衡量的是模型在不同数据之间的相对性能，而非绝对的图像质量。

（3）GA 应该对图像的底层退化信息敏感，而不是图像的具体内容。

有了这三点原则，我们的 GA 就呼之欲出了：GA 衡量的是模型在训练数据集和测试数据集之间的性能差异（或者两类输出图像的特征距离），差异越小，泛化性能越好。在这个概念的指导下，我们可以设计出各种类型的 GA，从而形成一个与 IQA 平行的研究领域。

针对超分这一具体任务，我们给出了 GA 的一种实现，并起名 SRGA，"Evaluating the Generalization Ability of Super-Resolution Networks"[128]作为第一篇关于超分泛化性指标的论文被发表在 TPAMI 上。SRGA 的工作流程如图 8-19 所示：给定模型的训练数据集和测试数据集，让两个数据集的图像都经过网络的处理，提取最后一层的特征，并进行 PCA 降维，将降维后的特征用广义高斯分布进行拟合，最后衡量两个分布之间的 KL 散度（距离）。

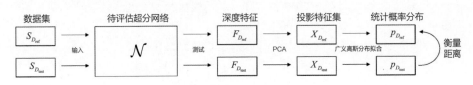

图 8-19　SRGA 的工作流程[128]

这个工作流程符合前面说的几个原则。首先，它利用了模型内部的深度特征信息，这些信息经过降维和拟合后，与图像本身的内容（高层语义）无关，只与图像的退化类型（底层特性）有关。其次，它通过 KL 散度计算了两个数据集之间的相对距离，而非单个数据集上的绝对性能。最后，它本身是一个无须学习、无须超参的指标，不需要依赖外部数据和经验，确保了自身的泛化能力。这里不再展开介绍这个指标的具体算法和公式，感兴趣的同学可以阅读论文原文。

为了公平地对比各种超分算法，我们还采集了一个测试数据集 PIES，它涵盖了清晰图像、仿真退化和真实图像等多种数据类型，可以全面地衡量算法的泛化性，并找出其能力边界。我们测试了三种类型的网络，分别是传统的单退化单分支网络（如 SRResNet）、多退化双分支网络（如 IKC[129]和 DASR[122]），以及复杂退化盲超分网络（如 BSRGAN[130]、Real-ESRGAN[1]和 SwinIR-GAN[36]）。这些算法经过 SRGA 的评价和排序，就像在"照妖镜"下显形一样，高下立现。我们能得到哪些有趣的发现呢？

（1）不同算法在不同数据集上所展现的泛化性差异很大，例如 SwinIR-GAN 可以在有模糊的数据上排在第 1 位或第 2 位，但在有噪声的图像上只能排到第 6 位，因此我们不能通过简单的几张图像来衡量模型的整体表现。

（2）一般情况下，测试图像的噪声越大，离训练分布就越远，泛化性越差，但 SwinIR-GAN 竟然呈现了相反的情况，如图 8-20 所示，在噪声达到中间的某个值后，其泛化性能不降反增。我们可以从网络输出结果中发现，当噪声达到一定值后，算法不再关注复原本身，而是注重内容生成，使得新生成的图像反倒更加接近真实图像分布，这是 SRGA 带来的新发现。

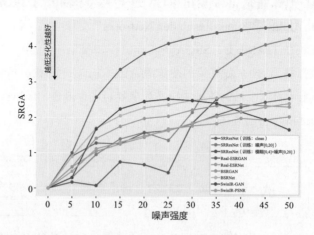

图 8-20 面对不同噪声强度输入时各网络的 SRGA 对比。其中模糊[0,4]代表训练数据模糊核宽度范围，噪声[0,20]代表训练数据噪声水平的范围[128]

（3）绝大多数算法在真实数据上表现很差，远超可接受的数值范围，而且新的算法并不比老的算法更优秀，这说明我们的算法研究还任重而道远。

总的来说，有了泛化性指标 SRGA，我们就可以更公平地比较算法的优劣，也可以更全面地评估算法的能力，找到未来前进的方向。

8.7 可解释性还可以怎么用

大家虽然不需要都来研究可解释性，但是可以利用可解释性的工具对网络进行诊断和解剖，也可以利用它来间接评估算法的好坏。这里提供两个应用案例供大家参考。在研究超分网络时，我们有这样一个疑惑：现在的网络结构通常是 $A+B+C$ 的形式，把好的模块都拿来使用，能否成功全看运气。有没有可能先找到改进的方向，再尝试具体的方案呢？为此，我们决定从 Transformer 入手，先看它跟 CNN 网络的区别。Transformer 超越 CNN 已经是不争的事实，它特有的自注意力机制可以让它关注更长程的信息，从而更好地建模序列数据。对超分来说，长程信息主要意味着更多的有效像素，那么 Transformer 是否真的利用了比 CNN 更多的像素呢？我们用局部归因图

LAM 对三种经典的超分网络（EDSR、RCAN 和 SwinIR）进行了诊断，看它们对输入像素的利用情况，如图 8-21 所示。我们惊讶地发现，SwinIR 利用信息的数量并不比 RCAN 多，效果却明显更好。这说明 Transformer 的成功靠的并不是更多的信息，而是更强大的拟合能力。换句话说，Transformer 可以比 CNN 更高效地使用信息，利用更少的像素获得更好的结果。

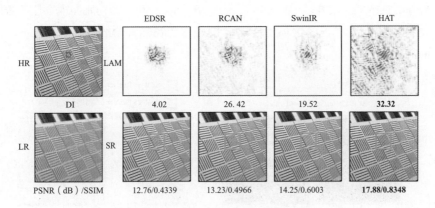

图 8-21　DI 越大，利用像素范围越大[38]

同时，这也暴露了 SwinIR 的缺陷，那就是利用的信息不够。如果我们能够增加 SwinIR 的信息使用量，就有可能进一步提升其效果，因此就有了论文"Activating More Pixels in Image Super-Resolution Transformer"[38]。它的研究目标是在已有的 Transformer 架构中增加可以利用更多信息的模块，例如混合注意力模块和交叉注意力模块。这些模块本身并不新颖，却被更加理性地使用。经过简单地改进并扩大网络规模，新的网络 HAT 可以实现远超 SwinIR 的性能。这项工作最大的意义就是增加了网络设计的科学性，也让新出现的网络更加可靠。

在另一项工作中，我们尝试利用可解释性来证明一个反直觉的发现。众所周知，Dropout 是不适合底层视觉的，尤其是超分这样的像素级回归任务。这是因为 Dropout 本身的工作机制是随机舍弃一些像素、特征或连接，以达到提升网络鲁棒性的目的，而这样做会直接改变输出的像素值，损害输出结果。然而，在一次偶然的实验中，我们发现 Dropout 在特定的位置上（网络最后一层）并不会降低网络的质量。通过进一步实验又发现，当网络同时执行多个底层视觉任务时，Dropout 还能大幅提升复原效果。这就有意思了，Dropout 到底怎么用才能带来正向作用，而又为什么可以做到呢？这次我们将归因工具作用在特征图上，看网络最后一层的特征利用情况。如图 8-22 所示，当没有 Dropout 时，最后一层只有少数几个特征起到了作用，如果拿掉这几个特征，网络就无法正常输出图像。但当有 Dropout 时，最后一层的每个特征都开始发挥作用，而且贡献基本相当，即便拿掉几个特征，也不影响最终输出结果。除此之外，我们还将最后一层的特征进行降维和可视化，用 8.3 节介绍的聚类深度特征方法观察网络内部的变化。如图 8-23 所示，利用 Dropout 后，网络深层特征对各种不同类型输入的区分度明显下降，一视同仁地看待所有任务。这样一来，网络泛化性提升，处理不同任务的性能就会增强。因此，合理利用 Dropout 也可以帮助底层视觉任务做更鲁棒、更通用的网络，正像这项工作的名字——"Reflash Dropout in Image Super-Resolution"[131]。

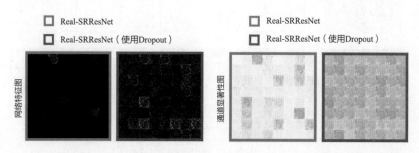

图 8-22　使用 Dropout 能让更多特征起作用，通道显著性图越亮，该特征对超分结果影响越大[131]

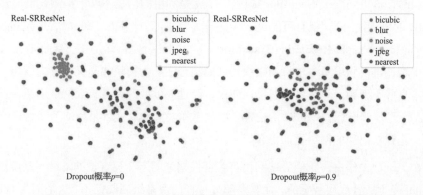

图 8-23　使用 Dropout 能使网络不再区分退化类型，有利于提升泛化性[131]

可解释性的每项工作都有太多的前因后果，稍一疏忽就可能错过某个线索。做可解释性研究并不需要太多的资源，但需要足够敏锐的嗅觉和强大的逻辑。做可解释性研究更要耐得住寂寞，让时间来证明它的价值。我们投稿时常常面临这样的情况：审稿人根本没有意识到这是关于可解释性的论文，只是看实验结果有没有达到最优，最后因为看不懂论文的逻辑，就说论文没什么用。这个所谓的"无用"很可能埋没那些有"大用"的工作，而让诸多"小用"长期"霸屏"。做可解释性研究也最磨炼心性，在别人"刷榜"时，自己却在啃硬骨头，即便中稿，也很难引起轰动。为此，我需要特别表扬几位做可解释性研究的同学，除了前面提到的顾津锦，还有刘翼豪和胡锦帆。翼豪做泛化性指标 SRGA 时真的是坐了两年冷板凳，寻找超分语义的论文投了七八次也没中，甚至开始怀疑到底是知音难寻还是思想过时，好在他终于熬出来了，成为一名有独立创新能力的优秀学者。锦帆也在可解释性研究的路上，希望他能不忘初心，坚持到底，为这个领域做出实质性的贡献，让深度学习中的科学之光持续发亮。

 小贴士 1　积分梯度归因方法

　　分析某因素与结果是否强相关的一个简单方法就是计算梯度，梯度不仅可以量化出函数在某一点上的变化速度，还能指示变化的方向。以多元函数为例，如果某个输入变量的偏导数（梯度的分量）的绝对值很大，那么这个变量的变化会对结果产生显著影响；反之，如果偏导数等于 0，那么对应变量无论怎样变化都不会影响最终的结果。

　　然而，基于梯度的方法在某些情况下会遇到挑战——"梯度饱和"（Gradient Saturation）。梯度饱和指尽管某个因素的变化对结果的影响巨大，但其影响作用是有界限的，一旦这个因素的作用达到一定程度，它将不再显著增加预测的概率，最终导致梯度为零。下面以长颈鹿的图像分类问题为例来解释梯度饱和。脖子的长度对于长颈鹿而言是关键特征，如图 8-24 所示，当动物的脖子长度超过平均水平时，将其分类为长颈鹿的概率通常会显著增加。但是，当脖子长度远超一般情况时，例如 2 米或者 2.1 米时，动物被分类为长颈鹿的概率非常接近 1。如果我们使用这两个点计算梯度，那么得到的结果将接近零，此时得出的结论是脖子长度对于图像被分类为长颈鹿几乎没有影响，很显然，这样的结论是错误的。

　　梯度饱和导致基于梯度的归因方法可能不够准确，于是积分梯度归因方法被提出。具体来说，计算梯度体现某个特征在某一步的重要程度，而积分梯度体现变量从基准状态（Baseline）I' 被逐步添加待考察特征，最终到状态 I 的整个过程。这个变化过程通常用一个路径函数（Path Function）$\lambda(\alpha)$　$(\lambda(0) = I', \lambda(1) = I, \alpha \in [0,1])$ 来表示。关注累加过程中的梯度之和，而非仅关注某一特定时刻的梯度，能有效地解决在梯度饱和的情况下难以表达重要程度的问题。还是以长颈鹿的图像分类为例，如图 8-25 所示，积分梯度归因方法关注的是特征变化的全过程而不是单点梯度值，积分梯度计算的是特征整个变化过程中的积分值，由积分值的大小来判断该特征与结果的相关性，由此规避了梯度饱和问题。

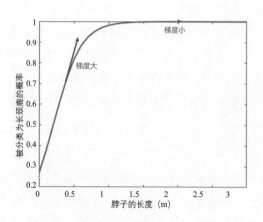

图 8-24　脖子的长度对于长颈鹿分类结果影响的示例

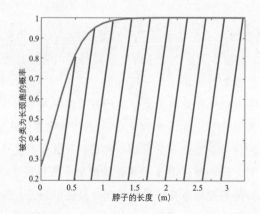

图 8-25　积分梯度归因方法关注的是特征变化的全过程而不是单点梯度值

LAM 使用的基准状态 I' 和路径函数 $\gamma_{pb}(\alpha)$ 如下：

$$I' = \omega(\sigma) \otimes I;\ \gamma_{pb}(\alpha) = \omega(\sigma - \alpha\sigma) \otimes I, \alpha \in [0,1] \qquad (8.1)$$

其中，$\omega(\sigma)$ 为高斯模糊函数，σ 为核的宽度。SR 任务侧重于恢复高频信息，因此 LAM 将基准状态 I' 设置为一张模糊图像，路径函数可以体现输入图像从模糊到清晰的过程，这里变化的特征就是清晰图 I 与模糊图 I' 的差异部分，即图像的高频细节。最终，LAM 的归因计算公式如下：

$$\mathrm{LAM}_{F,D}(\gamma_{pb})_i := \int_0^1 \frac{\partial D(F(\gamma_{pb}(\alpha)))}{\partial \gamma_{pb}(\alpha)_i} \times \frac{\partial \gamma_{pb}(\alpha)_i}{\partial \alpha}\, \mathrm{d}\alpha \qquad (8.2)$$

其中，F 为 SR 网络，D 为提取高频信息的算子。为了便于计算，我们将式（8.2）的积分形式离散化为

$$\text{LAM}_{F,D}\left(\gamma_{\text{pb}}\right)_i := \sum_{k=1}^{m} \frac{\partial D\left(F\left(\gamma_{\text{pb}}\left(\dfrac{k}{m}\right)\right)\right)}{\partial \gamma_{\text{pb}}\left(\dfrac{k}{m}\right)_i} \cdot \left(\gamma_{\text{pb}}\left(\dfrac{k}{m}\right) - \gamma_{\text{pb}}\left(\dfrac{k+1}{m}\right)\right)_i \cdot \frac{1}{m} \quad (8.3)$$

其中，m 为离散化后的步数。至此，我们可以计算出指示像素相关性的 LAM 结果。

 小贴士 2　因果推理中的干预操作

在介绍干预概念之前，我们还得回忆一下概率论中条件这一概念。我们回到 T 恤与冰激凌销量的例子，先固定 T 恤的销量 [看起来是给定了一个条件（Condition）]，再分析冰激凌的销量。我们观察一下固定 T 恤销量（例如冬天 T 恤销量）时的情况，此时对应的冰激凌销量数据为条件销量 $S(V|$ 冬天 T 恤销量)，其中 V 表示其他变量。而进行干预操作时，对应冰激凌销量写作 $S(V|\text{do}($四季 T 恤销量=冬天 T 恤销量))。这里的 do 算子是用来表示干预的抽象数学语言，理想的 do 算子能在某个变量变为设定值的同时不影响其他变量和整个系统的行为。条件与干预研究的群体区别如图 8-26 所示，建立在观察（Observation）上的条件分析只考虑已知数据中的子群体，而建立在干预（Intervention）上的干预分析考虑的是所有群体，使用 do 算子直接改变群体中每个样本的变量值，由此考察因果关系的变化。

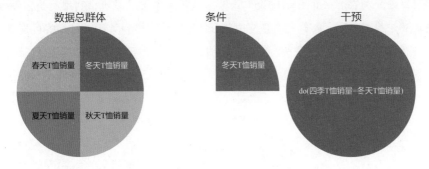

图 8-26　条件与干预研究的群体区别

在这个例子中，我们强行规定每个季节的 T 恤销量必须严格等于冬天的 T 恤销量，结果冰激凌销量完全不受影响。原来在 T 恤销量和冰激凌销量背后存在着一个混杂因子（Confounder）——温度，它同时影响两者的销量，导致两者呈现相关关系，对应的因果结构如图 8-27（a）所示。之前对 T 恤销量进行干预，意味着无视

导致该变量变化的原因，直接赋予其定值，在因果图中表现为剔除了指向 T 恤销量的边，如图 8-27（b）所示。如果我们对天气温度进行干预，则此时对应的冰激凌销量写作 $S(V \mid do($四季温度=恒温$))$。在稳定的温度下，整年的冰激凌销量也变得平稳，此时，我们可以判断温度与冰激凌销量存在因果关系，对应的因果结构如图 8-27（c）所示。总体来说，观察数据只能得到相关性，实施干预才能发掘变量间的因果性。

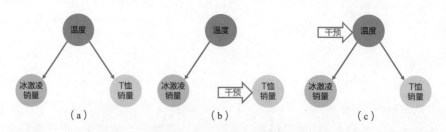

图 8-27　对不同变量实施干预，可以发掘它们之间的因果性

更进一步地，我们用图灵奖得主 Judea Pearl 在其著作 *The Book of Why*[116]中提出的因果之梯来理解，如图 8-28 所示，因果的第一级阶梯为相关分析，对应于人类的观察，考虑"当事件 A 发生时，结果 B 是什么样"；第二级阶梯为干预分析，对应于人类的行动，考虑"如果事件 A 这样做，则结果 B 会怎样"。更高一级的还有第三级阶梯——反事实推理（Counterfactuals），对应于人类的想象，考虑"假设当时事件 A 这样做，结果 B 会怎样"。第一级阶梯发掘的只是相关性，目前大多数机器学习算法还处在相关性分析阶段，而第二级阶梯和第三级阶梯利用的是因果性，代表更高层级的认知，也是人类智能的特征。第二级阶梯和第三级阶梯的区别在于，干预分析需要产生实际的行动，得到实际的结果，而反事实推理可以只存在于想象中，甚至对已经发生且无法改变的事件重新假设并进行推理。

图 8-28　因果之梯示意图

小贴士 3　双分支网络

我们通常认为低分辨率图 I_{LR} 和高分辨率图 I_{HR} 之间的关系可以用下式表示：

$$I_{LR} = D(I_{HR}) = (I_{HR} \otimes B) \downarrow_s + N \qquad (8.4)$$

其中 B 为模糊核，N 为噪声项，$\downarrow_s$ 表示下采样过程。如图 8-29 所示，当我们发现超分时的模糊核与低分辨率图的模糊核不一致时，超分结果要么太过模糊（$\sigma_{LR} > \sigma_{SR}$），要么出现振铃伪影（$\sigma_{LR} < \sigma_{SR}$）。只有匹配真实模糊核（绿框）时才能有自然的超分结果。

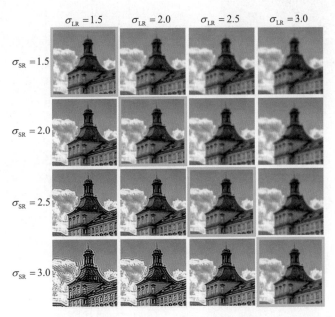

图 8-29　不同模糊核对超分的影响，σ_{LR} 表示低分辨率图像的真实模糊核宽度，σ_{SR} 表示超分时使用的模糊核宽度[129]

因此，我们希望网络在处理盲超分时能够判断出正确的模糊核，这也是双分支网络中旁分支所要做的事情。让网络利用好正确的模糊核信息，本质上是希望向网络中注入关于退化的先验信息。具体到实践层面，这个信息的注入方式其实并没有固定的模式。如图 8-30（a）所示，DAN 希望网络显式预测出正确的模糊核；而 DASR 则选择用隐式利用，以便抽象地退化表征信息，如图 8-30（b）所示。

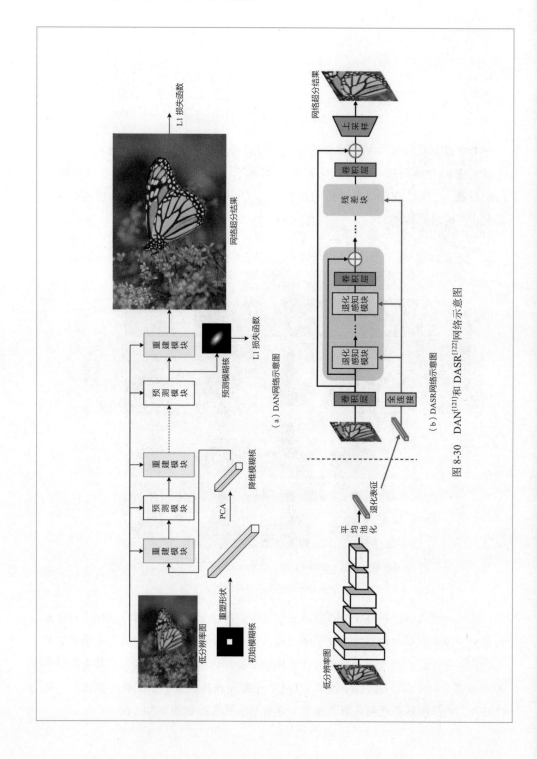

图 8-30　DAN[1121] 和 DASR[1122] 网络示意图

第 9 章
通往终极智能之路：论通用底层视觉

OpenAI 推出 GPT 系列、谷歌推出 Gemini 系列之后，通用人工智能（Artificial General Intelligence，AGI）仿佛触手可得。而就在 2022 年，AGI 还遥不可及，甚至很少被提及。那么，通用人工智能到底意味着什么？人工智能一般被分为弱人工智能和强人工智能，而其中的过渡阶段就是通用人工智能。也有人把通用人工智能等同于强人工智能，作为人工智能的终极目标。既然是终极目标，就应该具备思考、学习、规划、推理，甚至进化的能力。那么"通用"为何会与"强"联系在一起，"通用"是否真的是通往终极智能的必经之路呢？这个问题非常重要，因为它决定了人工智能的发展方向。为此，我们必须先讨论"通用"和"智能"的关系，再来讲解通用人工智能的分支——通用底层视觉。

9.1 通用何以智能

通用和智能本是平行的概念，通用未必智能，而智能也未必通用。例如，一个能处理一百种视觉任务的系统，可以算得上通用，但未必智能，因为系统可以是一百种单任务模型的简单组合，其间无须智能产生。同样，一个足够强大的文生图模型，能生成骗过人眼的逼真图像，可以算得上智能，但显然并不通用。那么，通用和智能为何会耦合在一起呢？这就涉及我们对终极智能的想象，越趋近理想状态，通用和智能的联系就越紧密，到最后就不可分割了。为了说明这个问题，我们详细分析第 1 章"人工智能是什么"里提到的四个原则。

第一个原则：人工智能是一种能处理复杂问题的算法。里面的关键词"复杂"（Complicated）就与通用有关。何谓复杂？非线性、无解析解、病态问题等都是复杂的代名词，但这些都还在优化问题的范畴内，还不够复杂。真正的复杂在于变量多、关系交错，变化难以预测。举例来说，人脸识别是人工智能的经典任务，针对特定的人脸数据集来设计算法并不困难，只需要模型的拟合能力足够强。在实际应用场景中，问题就复杂多了，很多不确定的因素（变量）都会加入，例如对抗攻击、光线太暗、侧脸遮挡等，都会严重影响算法的性能。为了应对这些变量，就需要算法具有足够强的鲁棒性和泛化性，这些特性被统称为通用性。简单来说，实际问题因未知变量而复杂，而通用性就是解决这些复杂问题的关键。由于该通用性主要体现在真实场景的应用中，因此又叫作场景通用。

第二个原则：人工智能可以实现复杂的目标。这里的关键词还是复杂，但与第一原则中的复杂不同，它的英文翻译为 Complex，有复合、交织、缠绕的意思。那么复杂的目标，就是指其实现过程曲折交错、困难繁杂，通常有非常多的子目标，以及子目标的组合。要实现这样的目标，就需要算法具备相当的通用性，也就是可以同时处理多种任务，并实现任务之间的交互与衔接。反之，如果实现每个子目标都需要一个算法来支撑，整个过程就会非常松散，缺乏效率，更无法处理紧急事件。例如让机器人送快递，这可是一个相当复杂的目标，期间不仅需要准确地规划路径，还需要完成目标识别、物体检测、自动避障等多个子任务（功能）。如果这些算法"各自为政"，那么每个算法都要处理机器人看到的画面，而算法之间无法直接互通，这不仅造成了算力上的浪费，也增加了开发成本。同时，所有算法输出的结果也需要通过额外的算法来整合，期间还存在信息损失，降低了决策的效率。我们希望一套算法可以完成所有任务，就像人的大脑一样，这就叫作任务通用。

第三个原则：人工智能具备从数据中学习的能力。从数据中学习是深度学习本身的能力，并不涉及通用。但网络大到一定程度后，情况发生了变化。在 GPT-3 出现以后，规模定律（Scaling Law）成为人工智能发展的基本原则，参数量在百亿、千亿级别的网络层出不穷。为了让这些网络能够发挥作用，必须使用大量的数据进行训练，尤其是在预训练阶段，需要使用各种类型的数据让网络学习到普适的基本智能。像 GPT-4 这样的参数量在万亿级别的网络，需要使用 10 万亿个以上的文字基元（Token）进行训练，几乎囊括了互联网上能收集到的所有内容。这种数据上的多样性对小网络来说是不可想象的，对大网络来说是不可或缺的。如果没有足够的数据多样性，大网络很快就会过拟合，更无法学习到各种数据背后的通用逻辑。换句话说，"见多识广"正是大网络具备智能的关键，而这本身也是一种通用性的体现，叫作数据通用。

第四个原则：人工智能要与人类主观意识互通。这是检测算法是否具备智能的关键。正如图灵测试中所说，如果我们无法判断对方是算法还是人类，该算法就具备了智能。一个最典型的例子就是对话机器人。早期的对话机器人（如 Siri 和小冰）往往只能处理有限长度的对话，也不支持文章阅读、信息检索、图像分析、情绪感知、数学问答、代码纠错等复杂的功能，最多只能聊聊天气、开开玩笑，几轮对话下来，能力上限暴露无遗。而 GPT-4 诞生后，对话机器人几乎可以处理你的所有请求，无须知道那是什么任务。实际上，仅自然语言处理就有许多子任务，包括文本生成、信息融合、句法分析、文本分类等。如果自然语言再加上图像和视频等额外模态，就会产生更多任务类别，例如视觉问答（Visual Question Answering）就是一个重要的视觉任务。如果这些任务都由独立的算法来完成，用户就得指定它需要完成的任务，才能对应到相应的算法。然而，普通用户并不清楚这些复杂、专业的任务分类，他们更习惯用自己的语言来描述需求。因此，当所有任务都可以由一个统一的大模型来处理时，用户也就无须指定任务类别了。所有的文字、图像、视频都已经用统一的输入或输出格式来处理，并且用同一个模型来训练，这种方法不仅可以消除用户在任务选择上的困惑，还能让他们在使用过程中感受不到任务之间的界限，也就实现了人工智能与人类主观意识的互通。换句话说，通用模型消除了任务之间的边界，拓展了算法的功能范围，提供了普遍的智能体验，从而更接近理想的智能。这里的通用，除了包含场景通用、任务通用和数据通用，还包含模态通用，是通用性的完整体现。

综合对四个原则的分析，我们可以知道通用与智能之间的关系。在通往终极智能的路上，通用性是算法应用落地、提升效率、产生智能、与人交互的必要特性。当然，通用人工智能的概念远不止于此，当各种通用性集中在一个大模型中时，还可能出现智能涌现，诞生以往不具备的新智能，这是将所有单一算法组合在一起所无法实现的。同时，通用人工智能的发展还有赖于学习策略的进步，像在线学习（Online Learning）、持续学习（Continual Learning）、元学习（Meta Learning）等，都可以让大模型逐渐具备自我进化的能力。因此，通用人工智能的发展在某种程度上也代表了人工智能的未来。我们也要承认，通用人工智能并不等于人工智能的终极形态，只能说是通往终极智能的必经之路。终极的智能还包含更多样的交互、更节能的算法、更高效的决策、更快速的进化、更可靠的硬件、更广泛的互联、更真实的体验，以及更广阔的想象空间。值得一提的是，终极智能也可能是一种新的"生命形态"，能够进行自我复制（Self-Replicating）和自我提升（Self-Improving），甚至在互联网上像病毒一样快速传播，这些都是需要我们提前预判并谨慎应对的，这里不再赘述。

9.2　通用底层视觉是什么

在通用人工智能的背景下，研究通用底层视觉是大势所趋。但通用底层视觉仍然是一个全新的概念，它有哪些含义呢？我们可以按照前面所讲的通用人工智能的方式进行思考。首先，通用底层视觉应该是通往底层视觉终极目标的必经之路。那么底层视觉的终极目标是什么？底层视觉做的是图像（视频）到图像（视频）的映射，那么理想的底层视觉算法应该可以实现任意图像（视频）空间之间的映射。这个概念里同样存在四个通用：场景通用意味着可以处理任意类型的输入图像；任务通用意味着可以生成任意类型的输出图像；数据通用意味着可以学习到任意图像空间的分布；模态通用意味着可以通过语言进行控制和交互。能实现这四种通用的算法就是理想的通用底层视觉算法。很显然，这个要求非常高，没有哪个算法能够算作真正的通用底层视觉算法，因此我们不建议给通用底层视觉一个严格的定义。

为了更好地理解通用底层视觉，我们将底层视觉的范围限定在图像复原任务上，那么通用的图像复原算法具备哪些特点呢？仿照通用底层视觉的说法，通用图像复原算法应该可以复原任意类型的退化图像，包括有噪、模糊、压缩、雨雪等，实现从任意退化空间到自然图像空间的映射。

我们先来区分多任务图像复原与通用图像复原。多任务图像复原可以处理多种复原任务，如去噪、去雾、去模糊等。但它处理的退化空间是离散的，也就是只包含指定的复原任务，而无法处理它们之间的交集，或集合外的退化。但真实场景中的退化往往是复合且未知的，既有噪声又有压缩，而且我们不知道它们具体的成因（成像原理或退化模型），在这种情况下，多任务复原算法无能为力。而通用图像复原最重要的目标就是处理这些复合且未知的退化，也允许它们的参数是连续变化的，因此通用图像复原处理的输入空间是广大且连续的，包含了各个复原子任务的空间和它们的交集，并且大于它们的并集（如图 9-1 所示）。这样的通用图像复原算法可以应用到真实场景中，用户无须知道图像的退化类型，也不用指定复原的内容，就可以得到对应的自然图像，从而实现真正智能的图像复原。当然，这仍然是一个理想且宏大的目标。

我们再对比一下通用高层视觉和通用图像复原。通用高层视觉的目标是整合所有的高层视觉任务，可以对输入图像进行任意形式的抽象、理解和分析，如人脸检测、前景分割、行为识别、物体定位等。它的输出空间是离散的任务空间，而输入空间是统一的自然图像空间，这也恰好是通用图像复原的输出空间，如图 9-2 所示。

多任务图像复原   通用图像复原

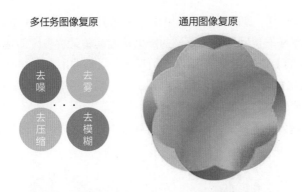

图 9-1　多任务图像复原与通用图像复原的比较，多任务图像复原中任务空间离散且不重叠，

通用图像复原中任务空间连续且复合

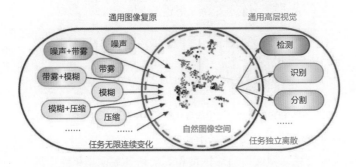

图 9-2　通用图像复原和通用高层视觉的关系示意[132]

如果我们将通用图像复原和通用高层视觉连接起来，就可以看到它们构成了一个更大的任务图景，可以将任意类型的输入图像转换到任意视觉任务空间。如果更进一步把底层视觉的其他输出图像空间（如风格化、深度图）也加进去，就是完整的通用机器视觉，叫作 General Vision。

通用底层视觉终究太理想化了，我们很难用它来定义和用评价算法。但要朝着这个方向研究，又必须得有一个理念来引导，为此我们选择"通用性"代替通用底层视觉。换句话说，我们将从底层视觉的通用性上看它是如何一步步发展，并逐渐接近通用底层视觉这个终极目标的。

9.3　通用的图像超分算法

底层视觉领域很大，我们选择图像超分作为切入点，看通用性在超分任务上的发展历程。在深度学习算法到来以前，传统的插值算法实际上具有相当好的通用性，如 Bicubic 插值被广泛应用在图像处理的各个领域中，但这种通用性是与智能无关的，因此不是我们讨论的重点。我们讨论的通用性还是要从深度学习算法开始。作为首个深度超分网络，SRCNN 显然不具备通用性，而到了它的进阶版本 FSRCNN，通用性初露苗头。FSRCNN 发现网络对于不同的放大倍数具备某种程度的通用性，具体而言就是×2、×3、×4 的 FSRCNN 网络可以共用反卷积之前的所有卷积层，这意味着网络对输入图像的特征提取和处理是通用的。在此之后，更深的超分网络 VDSR[28]和 MDSR[13]都将三种放大倍数放到同一个网络中处理，如图 9-3 所示，MDSR 网络头部和尾部的模块与超分倍率有关，而中间特征可以共用，这进一步证实了网络特征的通用性。

图 9-3　EDSR 论文中提出的可处理不同超分倍率的网络 MDSR

但这些网络仍然不能在实际场景中应用，因为它们过度拟合了特定的下采样模型。为了适应实际需求，领域自适应模型和真实场景数据集相继出现了。前者是将理想状态下训练的模型迁移到真实场景中，其中最早期的工作是 CinCGAN[120]。CinCGAN 的整个网络包含两个 CycleGAN，如图 9-4 所示，蓝框指示的第一个循环（Cycle）用来实现低分辨率（LR）图像到高分辨率图像（HR）的映射（$x-G_1-SR-G_3-x''$），而黄框指示的第二个循环用来实现退化空间到目标空间的转换（$x-G_1-G_2-x'$，D 表示判别器，SR 表示超分模型[120]），每个循环都用对抗生成损失函数进行判别。这样做的好处是，可以在不知道目标域图像分布的情况下实现领域迁移，但效果差强人意，与在目标域上端到端训练还有很大差距。

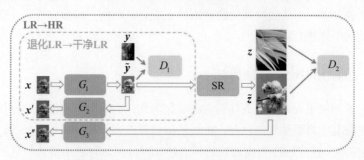

图 9-4　CinCGAN 的整体框架

真实场景数据集绕开了这个问题，不再依赖算法本身的通用性，而是借助数据集来实现应用落地。第 5 章专门介绍过真实场景数据集的采集，它需要用到特定的拍摄策略，以保证高低分辨率数据对是严格对齐的，而只要有对齐的数据对，深度学习网络就可以放心地发挥过拟合作用。

但这样拟合特定数据集带来的结果是不够灵活，网络一旦被训练出来就无法改变，很难适应用户的需求。为了进一步向通用性靠拢，可调节的图像复原出现了，它用人为调节的方式来增加算法的灵活度和适用范围。可调节复原的第一项工作是AdaFM[54]（Adaptive Feature Modulation），它的目标是通过一个简单的参数来调节网络的复原力度，而不用重新训练网络。其方法是先训练一个基础模型（Base Model）作为起点，让它可以进行特定力度的图像复原，如去除 $\sigma=10$ 的高斯噪声，然后在网络的卷积层后添加可调节滤波器，并将它微调到终点模型（Target Model），再让网络实现更大力度的复原，如去除 $\sigma=50$ 的高斯噪声。这样，网络从一个力度到另一个力度的过渡由一组滤波器完成，即图 5-8 中插入的 AdaFM 层，通过调节这组滤波器的参数就可以改变网络的复原力度，例如从 $\sigma=10$ 到 $\sigma=50$ 连续改变去噪力度。这种方法可以应用在超分、去噪、去模糊等独立的复原任务上，实现复原力度的连续可调。

为了应对更加复杂的退化类型，例如噪声+模糊，AdaFM 进一步升级为多维可调节模型 CResMD[56]（Conditional Residual Multi-Dimension Modulation），它允许网络在多个复原任务上进行力度调节，例如先调去噪声，再调去模糊。其算法也发生了很大改变，不再在卷积层后添加滤波器，而是在每个残差模块（Residual Block）后添加融合权重，即图 5-12 所示的由退化信息得到的 α_i，让它们可以被有限度地使用或舍弃。由于每个残差模块承担不同的复原任务，调节它们的参与程度就可以让网络的复原效果发生整体且连续的改变。这样不仅可以实现多个复原维度的连续调节，还可以让多种复原任务被整合在一个模型中，实现某种程度的任务通用。

逐步走向通用的超分方法也有了自己的名字，叫作盲超分（Blind Image Super Resolution）。所谓盲，指退化模型未知。这里的退化模型包含降采样、噪声、模糊等退化类型，也涵盖无法建模的真实场景。论文 "Blind Image Super-Resolution: A Survey and Beyond" [133]中详细总结了 2021 年之前的盲超分算法，并把它们按照不同的先验知识分为四类（具体介绍见本章小贴士 1）。第一类是同时利用显式的退化建模和外部数据集的算法（如 SRMD[134]、IKC[129]、DAN[121]、AMNet-RL[135]等），第二类是利用显式的退化建模和单张图像的算法（如 KernelGAN[136]、ZSSR[137]、DGDML-SR[138]等），第三类是利用隐式的退化建模和外部数据集的算法（如 CinCGAN[120]、DASR[122]、FS-SRGAN[139]等），第四类是利用隐式的退化建模和单张图像的算法。第一类算法用到的先验知识最多，它需要预先估计（或已经知道）退化模型的类型和参数，然后将其作为条件输入网络中，再利用外部数据集进行训练。这类算法突破了传统固定的降采样模式，拓展了超分的应用范围，但只能处理指定的单一的退化类型，难以应对复杂多样的真实场景。第二类算法舍弃了外部数据集，直接在单张图像上估计退化参数，但同样受到退化模型的限制，无法迈向真正的应用。第三类算法终于不再对退化进行建模，而是通过领域自适应策略，让已经训练好的超分网络直接迁移到新的目标数据上。这类算法可以应对更加复杂且未知的噪声，但无法保证图像的输出质量，也无法处理目标领域之外的数据。而第四类算法目前还处于空白阶段，是有待开发的新方向。

目前的盲超分算法很多，但它们都无法走出自己设定的框架。真正具备通用性的盲超分算法开始于 BSRGAN[130] 和 Real-ESRGAN[1]，它们都通过设计复杂的退化模型来实现算法在真实场景中的应用。它们的核心观点是，只要网络在训练时见过足够多的退化类型和参数，就能直接应对真实场景，而不需要参数估计或领域迁移。也就是说，只要仿真数据足够真实且多样，就能覆盖大部分真实场景，用大数据来解决泛化性问题。这种做法虽然暴力，但确实有效，与现在的数据通用思想不谋而合。

我们先来看一下它们提出的退化模型。BSRGAN 提出的退化模型主要包含模糊、降采样、噪声和它们的随机组合，其中模糊又分为各向同性（Isotropic）和各向异性（Anisotropic）的高斯模糊，降采样包含了三种插值方式，噪声又分为高斯噪声、JPEG压缩和传感器噪声。Real-ESRGAN 的退化模型复杂一些，除了上述类型，还加入了sinc 滤波器模拟图像处理中常见的振铃效应（Ringing Effects）和过冲伪影（Overshoot Artifacts），同时将各种退化类型以更高阶的方式进行叠加组合，使得退化的复合性和非线性更强，如图 2-7 所示。这些设计都仿照了真实场景中图像的产生过程，如网络传输、对焦不准、ISP 处理、重复上传和压缩等，因此用它们生成的退化可以涵盖大部分真实场景。再用这些数据对超分网络 ESRGAN 进行训练，就得到了盲超分模型BSRGAN 和 Real-ESRGAN。很显然，它们的优点和缺点也都包含在算法的设计中：优点是思路简单、方法通用，不需要先验知识就可以应对大部分真实场景；缺点是都能做但都做不好，覆盖范围虽大但精度不高，还可能出现复原过度的问题，对分布外的数据同样无能为力。

尽管如此，BSRGAN 和 Real-ESRGAN 已经向真正的通用算法迈出了一大步，它们也实实在在地被用在手机拍照、视频增强、游戏重置、虚拟现实等领域，体现了深度超分算法的实用价值。这两篇论文的思想也成功地被应用在超分的一个细分领域——人脸超分（Face Super-Resolution/Hallucination/Resotration）中。由于人脸特殊的结构信息，使得它更容易被网络学习到，也可以获得比自然图像超分更好的效果。在应用了复杂的退化模型后，出现了很多优秀的算法，如基于卷积网络的 GFPGAN[73]、

GLEAN[140]、GPEN[141]等，以及基于向量量化（Vector Quantitation）的 VQFR[142] 和 CodeFormer[74]。图 9-5 展示了 CodeFormer 的效果，可以看到，人的皮肤和毛发都可以被精细地恢复出来，人脸超分问题几乎被解决了。

| 输入图像 | DFDNet | PSFRGAN | GLEAN | GFP-GAN | GPEN | CodeFormer |

图 9-5　CodeFormer 与其他人脸超分算法的对比[74]

9.4　通用的图像复原算法

随着超分通用性的发展，我们逐渐意识到，图像复原的各个子任务是可以被放在相同的框架中进行处理的。正如前面 BSRGAN 和 Real-ESRGAN 所提出的复杂退化模型，其中包含了各种噪声和模糊。如此一来，研究通用的图像复原算法也顺理成章了。图像复原除了包含超分、去噪和去模糊，还有去雨、去雾、去雪，以及老照片、监控视频、网络图像的复原等。早期的通用复原算法大多属于多任务复原，也就是用一个网络实现多个独立的复原任务，而任务之间是没有交叉的，例如去噪就是去噪，不会与去模糊混在一起。这样的网络几乎等同于多个单一复原网络的组合，但也是发展通用算法的必要过程，它们也有一个很宏大的名字，叫作 All-in-One，还有一种更实际的说法，叫作 Multiple-in-One，都代表多合一。

最早的多合一工作是将雨、雾、雪放到一个统一的网络中进行处理，详见论文"All in One Bad Weather Removal Using Architectural Search" [143]，但这项工作并不涉及图像复原的几个主流任务。之后又有了 AirNet[144]，把去噪任务也囊括进来，通过对比学习的方法来区分不同的退化类型。最近的 MiO IR[145]（Multiple-in-One Image Restoration）更是将超分、去噪、去模糊、去雨、去雾、去压缩和低光增强 7 种任务加入测试列表，并提出了两个简单的策略——Prompt Learning 和 Sequential Learning，让所有复原网络都具备了多合一的能力。

另一个系列的工作探索的是图像复原的预训练策略，目标是通过多种类型数据的混合训练获得通用的预训练模型。比较有代表性的工作是 IPT[51] 和 EDT[146]，它们都是把几个复原任务放在一个大的网络上进行训练的，如图 9-6 所示，通过替换头部或尾部的方式来实现任务转换。

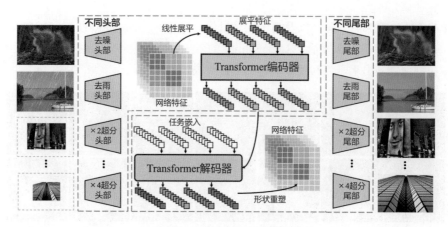

图 9-6　IPT 结构示意图[51]

　　然而，论文"DegAE: A New Pretraining Paradigm for Low-level Vision"[147]指出（DegAE 的具体介绍见本章小贴士 2），IPT 和 EDT 所采用的预训练任务和下游任务属于同一分布，并不能发挥模型预训练的能力，因此无法获得显著的增益。只有当预训练数据来自数据容易获取的任务（Low-Cost Task），如仿真生成的噪声模糊，而下游微调数据属于数据难以获取的任务（High-Cost Task），如实际采集的雨雾天气时，才能真正展现预训练的潜力。如图 9-7 所示，在网络结构不变的情况下，只需使用 DegAE 预训练策略，就能大幅改善网络去雨和去雾的表现。

图 9-7　相比从零开始训练专用网络，采用 DegAE 预训练能使网络性能大幅提升[147]

　　以上算法可以实现某种程度上的任务通用，但离我们理想中的通用图像复原算法还有很远的距离。它们都无法解决通用性所面临的两个最大难题：分布外数据的泛化性和复杂未知的真实退化。第一个难题的重点在于，即便是单一退化，也有多种成因，现有模型只能拟合训练数据的分布，而无法处理该分布外的数据。例如对于去雨任务，当测试图中雨的大小和密度发生变化时，模型就无能为力了。

　　第二个难题的重点在于真实场景中的退化往往包含多种退化的叠加与耦合，我们无法预知它们的模式与参数，例如，老照片和老电影中常见的"时间痕迹"就是无法模拟的噪声与模糊的融合体。很显然，无论是多合一模型还是预训练模型，都无法解决这两个难题。在这种情况下，我们需要一个通用的图像复原算法。这就要求图像复原算法突破原有框架，向着更智能化的方向发展。同时，只有通用的图像复原算法才能适应普通用户的需求，他们无须知道图像的退化类型就可以复原所见到的图像，也只有无参数无条件的算法，才是真正智能的算法，才能"飞入寻常百姓家"。

通用图像复原（General Image Restoration，GIR）并不是一个新的概念，但它是一个新的课题，以往我们并没有直接面对它，只是有意无意地从旁边经过。为此，我们专门发表论文 "A Preliminary Exploration Towards General Image Restoration" [132]，并对这个新的课题给出了自己的定义、目标、评价标准和基准方法。首先是定义，根据我们对图像复原的终极期待，一个通用的图像复原算法应该可以将大多数常见的退化图像复原成清晰的自然图像。这里用了"大多数常见的"，而非"任意的"，原因就是将理想拉回现实，给算法一个缓冲空间。实际上，复原范围不可能涵盖所有退化，尤其是专有设备所拍摄的科学图像，如医学图像、显微镜图像、卫星图像、高光谱图像等。那么这里的大多数如何定义呢？我们必须通过建立测试数据集的方式来约束复原的范围，这个范围要大，但也要可实现，它可以根据算法的发展而不断演进。

测试数据是评价算法的基础，决定了算法的发展方向。那么我们需要如何测试一个算法的通用性呢？可以从三个方面来考虑。

（1）单一退化：通用的算法必然是多合一的，因此要在训练时见过的各个单一退化上取得良好的效果，这也是基本要求。

（2）复合退化：通用的算法要能处理复杂多样的退化组合，因此需要在训练时未见过的复合退化上取得还不错的效果，这也是进阶要求。

（3）真实场景：通用的算法要能应对真实场景中的未知退化，因此需要在各种真实退化中取得可以接受的效果，这也是最高要求。

针对第一个方面，我们选择了 10 种常见的单一退化类型，包含重采样、模糊、噪声、压缩、振铃效应、算法伪影、图像损坏、雨、雾、雪。同时，我们采集了 100张覆盖各种经典场景的高清图像作为参考图像（Ground Truth），用来评测和生成所有退化的图像。第二个方面要难一些，因为退化的组合方式和参数选择理论上是无限的，我们必须从中找到有代表性的样本点。为此，我们对整个仿真退化空间进行聚类，再选择 50 个类中心作为评测点，确保它们可以覆盖大部分退化空间。另外，还需要随机选择 50 个退化组合用作交叉检验，以免算法过拟合到类中心的测试点上，这就有了 100 个测试的退化组合。对于第三个方面的真实数据，我们收集了 10 种场景下的共 100 张真实图像，它们的退化程度都在中等以上，对算法来说有相当的难度。如果将前面三种数据放在一起就会发现，每次测试都要复原 $100 \times 10 + 100 \times 100 + 100 = 11100$

张图像，计算量非常大。由此可见，实现评测算法的通用性是件费时费力的事情。

测试集有了，还得有评价指标。传统的评价指标是 PSNR，但它显然不足以评价模型在大空间中的通用性。最直观的例子就是，如果只计算所有测试图像的平均 PSNR 值，就无法评测出模型性能不均衡的情况：对某种退化图的处理结果好，而对其他退化图的处理结果差。如果算法对复原的类型和参数有偏好，就不能算真正的通用。因此，必须有新的指标来衡量算法性能的分布情况。同时，我们认为绝对的数值指标也是有局限的，因为不同的退化会带来完全不同的 PSNR 值，它们无法直接进行比较。如果刻意追求高的 PSNR 值，也会出现过拟合到简单退化上的结果。

那么，我们应该如何评价通用性呢？针对前面讲到的两种局限性，新的指标应该能够评价空间分布情况，并用相对的性能取代绝对的数值。为此，我们提出了相对概率评价指标——及格概率（Acceptance Ratio，AR）和优秀概率（Excellence Ratio，ER）。它们的评价流程如下：首先，选择两个网络结构分别代表及格模型（如 SRCNN）和优秀模型（如 SRResNet）。然后，在每个复合退化任务上训练出专用模型，由于有 100 个复合退化要测试，所以会有 100×2=200 个模型，它们也都可以测出相应退化上的性能（如 PSNR）。最后，计算待评价模型在 200 个测试点上优于及格模型和优秀模型的概率。如果有 50 个点超过及格模型，那么 AR=50÷100=0.5；如果只有 10 个点超过优秀模型，那么 ER=10÷100=0.1。我们也可以把这些模型在测试点上的性能连成三条线，分别是及格线、优秀线和评测模型线，根据它们之间的相对距离，就可以看出待评测模型的相对性能分布情况。我们希望待评测模型的性能在各个退化上都超越一般的专用模型，向优秀的专用模型靠拢。AR 可以判断模型是否"偏科"，而 ER 可以看出模型的上升空间。如果模型的 AR 和 ER 都很低，那么平均 PSNR 再高，也不能算通用。如果 AR 和 ER 都达到 1，我们就换用更好的及格模型和优秀模型，让模型有持续提升的可能。对于相对概率评价指标，论文"SEAL: A Framework for Systematic Evaluation of Real-World Super-Resolution"[148]里有更加详细的介绍和应用，可以全面评价模型在大空间中的相对性能分布，感兴趣的读者可以自行阅读。

接下来，我们用测试数据和新指标为现有的算法排名，看看它们离真正的通用还有多远。实际上，能够参与排名的算法并不多。这是由于在通用图像复原问题（General Image Restoration，GIR）中，图像的退化模型是未知的，且任务数量是"无限"的，以往基于显式退化模型的方法、多合一的多任务复原方法，以及基于多任务的预训练方法都不再适用。目前唯一能够用的方法就是通过一个大模型训练所有数据。我们选择了几个常用的复原模型，包括 DASR、RRDB、SwinIR、Restormer、Uformer 和 HAT，它们都在独立的复原任务上取得过优异的成绩。我们将所有单一退化和复合退化的数据随机输入模型，让它们见到各种各样的退化，然后用平均 PSNR 值、AR、ER 评价训练出来的模型。结果令人惊讶，如图 9-8 所示，所有模型的 AR 值都低于 0.5，这意味着在大多数情况下，它们的性能不如专用的 SRCNN；而所有模型的 ER 值都为 0.0，这意味着它们的性能全都不如专用的 SRResNet。简单来说，就是它们都不合格，更达不到优秀，不具备真正的通用性。

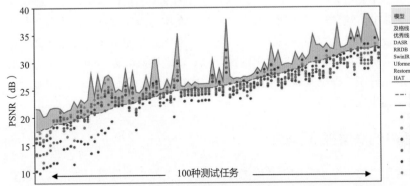

图 9-8　不同模型在 100 种测试任务上的表现[148]

　　如果我们仔细分析评测结果，就会发现这些模型并不是一无是处。如果我们只让网络见过 10 个单一退化或 50 个复合退化，那么它们是无法泛化到其他退化类型上的（AR 只有 0.14），而利用所有仿真数据训练出的模型的 AR 可以达到 0.4，说明这种方案的通用性强得多。同时，通用的模型在处理实际场景的图像时也表现出了更优异的性能，可以处理很多完全未知的退化类型。总而言之，通用图像复原对现有模型来说，是一个非常困难的任务，我们需要全新的模型结构和训练策略。

　　那么通用的图像复原算法到底难在哪里呢？现有的网络又差在什么地方？我们先从深度学习的基本原理上来分析。深度学习的目标是拟合训练数据，这是毋庸置疑的。要想让网络在训练数据上表现良好，就必须让它有足够的规模和能力。通用算法所处理的退化空间很大，一般的网络没有能力完全学到，只能过拟合到一部分数据上，从而产生数据偏好。从上面测试的 AR 值就可以看到，几个网络拟合到及格水平的数据不及全量数据的一半（AR<0.5）。也就是说，网络的规模不够大，拟合能力不够强。当然，训练策略也不够好，使得训练产生了偏向。这也说明大模型配合大数据是产生通用性的必要前提。

　　如果想让算法产生真正的泛化性，就不要拟合各类退化，而要拟合无退化的自然图像分布。如果网络知道自然图像是什么样子的，那么只需将输入图像变成对应的自然图像，无须在意到底是什么退化。这个过程把去除退化变成生成图像，从而实现对退化的通用性。第 8 章专门讲过泛化性，在去雨任务中，通过引导网络学习图像分布，让网络产生了对雨滴的泛化性。同样，如果网络学习到了自然图像分布，就可以泛化到任意退化中。但是这仍然太理想化了，学习自然图像分布谈何容易？只有 Stable Diffusion 等拥有几十亿个参数的网络使用上千块 A100 显卡进行训练才有可能实现。

另一种思路是不需要自己训练，只要把训练好的 Stable Diffusion 作为基模型就可以了，这种策略其实已经被应用在生成式复原算法中，如 StableSR、DiffBIR 和 SUPIR。不过问题并不会就这样被简单解决，生成模型仍然需要将去退化后的图像作为条件。如果图像的退化去得不够好，生成的图像就会具有虚假的细节。换句话说，一个通用的复原模型还是必要的，这仿佛又回到了起点。没错，在实际操作过程中，我们会发现复原和生成是耦合在一起的，很难完全分开。同时，退化分布和图像分布也是耦合在一起的，很难直接解离，这也是研究通用图像复原算法的困难之处。当然，我们相信未来会有新的退化模型、训练策略、网络结构和生成模型帮助我们克服这些困难，让通用的图像复原逐步成为可能。

9.5　通用的底层视觉算法

通用底层视觉显然包含了前面的通用图像复原，但又超出图像复原的范畴，其囊括了更多图像到图像的映射任务，例如图像风格化和深度估计。这些任务的输出空间（目标域）不再是自然图像，而是各自专属的图像空间，给通用算法带来新的挑战。在通用底层视觉算法的研究中，我们重点关注不同图像空间的任务是如何在一个模型中完成的，至于通用复原算法所面临的复合退化和泛化性难题，这里不再讨论。要想突破图像复原的框架，就需要逐步增加任务来提升模型的通用性。更重要的是，前面提到的通用复原算法中的方法已经不再适用，我们无法通过将所有数据一起训练的方式让网络自动选择输出空间，而必须寻找新的模型结构和训练策略，我们最初的探索就是从这里开始的。

首先将图像复原空间拓展到图像处理（Image Processing）空间，新增图像增强（Image Enhancement）和边缘检测（Edge Detection）任务。图像增强任务的输出空间虽然也是自然图像，但加入了主观化的色彩、对比度和风格信息，具备很强的个性偏好。边缘检测是传统图像处理中最常见的操作，目的是提取图像的基本结构特征，它的输出空间由检测算子决定，如 Canny 算子与 Laplacian 算子，它们提取的特征图很不一样，如图 9-9 所示。

原图	Canny 算子	Laplacian 算子
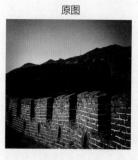	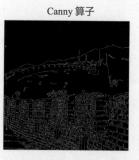	

图 9-9　不同检测算子得到的不同边缘图

为了融合这些任务，我们需要给网络专门的"提示"，来告知它应该输出什么样的图。那什么样的结构可以做到这一点呢？把任务信息当成条件输入网络的方式是最直接的。如果这样处理，网络就成了纯粹的多任务模型，不可能处理分布外任务，也就不可能发展成通用的算法。为此，我们借鉴了自然语言处理中提示问答（Prompting Question Answering）的思路，把图像输入输出对看作视觉化的问题和答案，直接将图像作为提示词（Prompt），让网络根据提示词内容学习相应的任务。具体来讲，网络的输入有四张图像，分别作为任务提示（Task Prompt）的问题和答案，以及提问输入（Query Input）的问题和答案。任务提示所提供的图像对就是实现了该任务的输入输出图（如有噪图像和清晰图像对），相当于视觉化的条件。而提问输入的问题就是要处理的图像，答案就是我们想要的目标结果。

既然是目标结果，怎么又变成输入图像了？这就要提到模型的训练策略。网络并非直接端到端地学习，而是采用了掩码自编码器[12]（Masked Autoencoder，MAE）的策略，在训练时随机遮挡住（Mask）一部分输入图像，让网络根据可见的信息预测被遮挡的像素。这种方法可以激发网络对图像语义的理解，也被用在高层视觉的预训练中。在这里，输出图像并不仅作为监督信号出现在损失函数里，也作为一部分输入信号进入网络。在训练时，我们输入四张图像，然后随机遮挡住答案图 85% 的图像块，让网络预测被遮挡的内容，如图 9-10（a）所示；而在测试时，我们将第四张图像全部遮挡，让网络通过前三张图像来预测它，如图 9-10（b）所示。也就是说，网络在训练和测试时用的掩码策略是不同的，训练时遮挡的是两张答案图的部分内容，测试时遮挡的是最后一张图的全部内容。这种策略让网络不直接区分问题和答案，而是从它们的相互关系中找到逻辑线索。

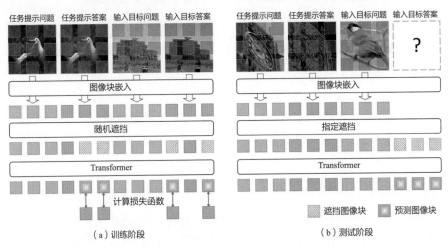

图 9-10　采用视觉提示问答的网络训练与测试阶段示意图[149]

既然采用了 MAE 的训练策略，就要用与之匹配的 ViT 做骨干网络（Backbone）。我们把融合了视觉问答和 MAE 的模型叫作 PromptGIP[149]，希望它能借用视觉提示向通用图像处理（General Image Processing，GIP）迈出第一步。结果没有让我们失望，PromptGIP 可以顺利地处理 15 个任务，而且视觉效果都不错。与同期的一些通用视觉算法（如 Painter[150]）相比，PromptGIP 可以更忠实于提示任务，而不会出现多任务间的交叉错乱。与通用的复原算法（如 Real-ESRGAN）相比，PromptGIP 在单一复原上表现得更好。

更重要的是，PromptGIP 具备了初步的泛化性。如果我们给它一个与训练时"不同但相似"的提示图像对，那么它可以进行相应的处理，如图 9-11 上半部所示，这是只有视觉提示（Visual Prompt）才能做到的。但是，如果给它测试的任务是"不同且不相似"的，如图像上色，它就无能为力了，如图 9-11 下半部所示。这说明它的本质还是拟合这 15 个任务，而不是从提示词中学习处理模式。它无法真正做到从上下文中学习（In-Context Learning），也就无法产生足够的泛化能力。

图 9-11　PromptGIP 对于训练外任务的泛化结果[149]

那么，是不是只要模型处理的任务足够多，就能产生真正的泛化性呢？这个问题需要通过实验来回答。在回答这个问题之前，我们还需要解决 PromptGIP 的另一个局限性问题，就是输出精度（如 PSNR 和 SSIM）不够高。这与我们采用 ViT 的网络结构是有关系的。ViT 本来是为高层视觉设计的，并不关注像素级别的输出，因此生成的图像不够清晰。只有将其替换成底层视觉的专属网络，才可能在指标上比拟单任务模型。

那么，有没有这样通用的底层视觉骨干网络呢？为此我们进行了详细的调研，发现已有的模型都只能在几个特定的任务上取得成功，而无法在更多的任务中获得全胜。具体来说，我们统计了五个具有代表性的网络（MPRNet[151]、Uformer、SwinIR、

Restormer 和 NAFNet[152]）在五种经典的复原任务（超分、去噪、去模糊、去雨、去雾）上的性能。这五个网络涵盖了 U 型（U-shape）、残差嵌套残差（Residual-in-Residual）和多阶段渐进（Multi-Stage Progressive）三种常见的网络结构，而五种任务又代表了对局部和全局信息的不同利用程度。我们在五种任务上分别训练五个网络，并得到相应的 PSNR 值，结果没有任何一个网络可以在所有任务上取得最优。进一步分析发现，这几个网络要么侧重于局部内容的修复，如 SwinIR 擅长做超分，要么适合把握全局信息，如 NAFNet 擅长做去模糊。唯一能够兼顾的就是 Restormer，但它的空间信息交互（Spatial Information Interaction）能力仍然不及 SwinIR。如此一来，我们只需要简单改进 Restormer，提升它对局部空间信息的利用能力，就可以满足通用骨干网络的需求。

Restormer 里的核心模块叫转置自注意力模块（Transposed Self-Attention Block，TSAB），它在通道维度上进行自注意力操作。我们将其中一半的 TSAB 换成空间自注意力模块（Spatial Self-Attention Block，SSAB），用空间自注意力机制提升它对局部信息的交互能力。这个简单而直接的做法可以大幅提升 Restormer 在各个任务上的性能，成为五个任务上的全能冠军。如果将五个任务放到网络里一起训练，它展现出的优势将更加明显，这也证明了它对任务的通用性。我们把改进后的 Restormer 叫作 X-Restormer[153]，结构如图 9-12 所示，并将它作为后续算法的骨干网络使用。

如果骨干网络变了，那么掩码自编码器 MAE 的训练方式也就不再适用，因此不能按照原来的方式利用视觉提示。前面四张图像输入的方式虽然巧妙，但不必要。其实，视觉提示的主要作用是让网络知道要做的事情，只要能够把样例图像的特征提取出来，再有效地结合进网络，就可以实现相同的效果。为此，我们借鉴了 Stable Diffusion 中利用语言提示（Text Prompt）的方式，利用交叉注意力（Cross Attention）机制融合网络和提示信息。

具体而言，如图 9-13 所示，我们先通过残差网络对提示图像对（只有两张图像）提取特征，然后将特征输入网络合适的位置，再将其与骨干网络的特征进行交叉注意力计算，交叉注意力中的 Q、K 和 V 分别来自输入图像的特征 Z、提示问题图的特征 $Z_{\Omega_i}^{\mathrm{P}}$ 和提示答案图的特征 $Z_{\Omega_t}^{\mathrm{P}}$，这样的设置能让三者在网络前向传播过程中充分融合。考虑到 X-Restormer 是一个 U-Shape 结构，我们将融合的位置选在了 U 的底层，也就是特征维度最小、保留全局信息最多的一层。在这一层上融合提示信息，不仅可以更好地利用全局特征，还可以提高计算效率。

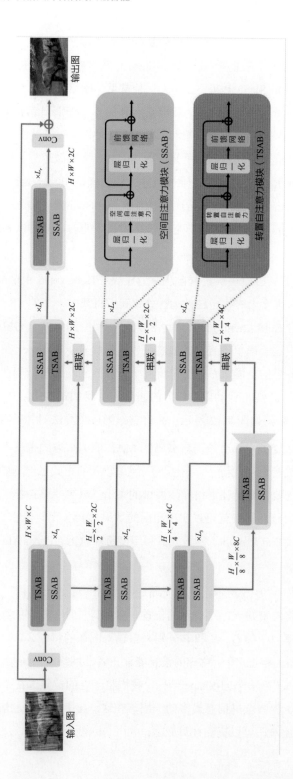

图 9-12 X-Restormer 的网络结构图[153]

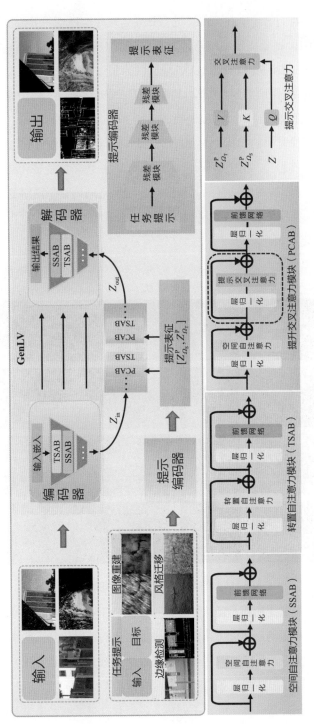

图 9-13　GenLV 模型整体结构图

综上所述，我们已经集齐了用视觉提升来处理底层视觉任务的三个要素：端到端的通用骨干网络、视觉提示编码器，以及提示交互融合机制。我们把新的模型叫作 GenLV[154]（Generalist for Low-Level Vision），为了进一步展示它的拟合能力，我们将任务数由原来的 15 个增加到 30 个，其中多了一个新的类别——图像风格化，它可以验证算法对色彩的处理能力。实验表明，拥有 30M 个参数的 GenLV 完全可以胜任 30 个任务，且在图像复原的指标上大幅度超越 PromptGIP 和 Real-ESRGAN（平均 2dB 以上）。值得一提的是，如图 9-14 所示，GenLV 在色彩的把控和细节的修复上远胜 PromptGIP，恢复出的图像没有色偏和模糊，这也是通用骨干网络的胜利。通过这样的改进，我们就将视觉提示与底层视觉紧密结合在一起，探索出了一条属于底层视觉的通用算法路径。

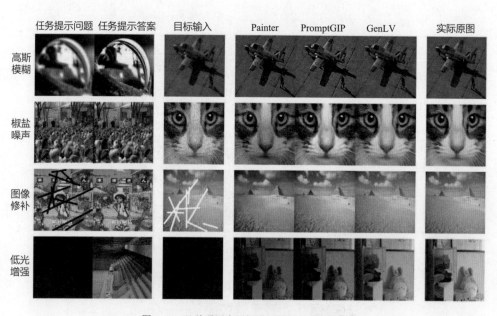

图 9-14　几种通用底层视觉网络的效果对比[154]

当然，我们最关注的还是泛化性。那么 30 个任务有没有让网络更"聪明"呢？事实上，GenLV 产生的泛化能力依然很弱。虽然我们可以找到一些案例来说明它可以处理训练时没有见过的任务，但这些任务不能离训练分布太远。我们可以将某些任务进行组合，也可以拓展某些任务的参数，这些都难不倒 GenLV，但若给它一张照片或一个古文字来修复，它就无法胜任了。那么，它有没有可能完成更多的任务呢？我们也尝试将 30 个任务拓展到 100 个任务，全面覆盖底层视觉的各种公开任务和数据集，甚至加上了以往没有的科学图像，如医学 CT 和 MRI 图像、卫星图像、天气图像等，这些科学图像占到了全量数据的 10%。在这个底层视觉数据集上，GenLV 还是表现出了不错的性能，几乎能按照提示完成所有的任务。

通过增加 GenLV 的规模，可以看到规模定律：网络越大，性能越好。一个能够处理 100 个底层视觉任务的模型应该可以算作通用底层视觉算法了吧？也许可以，也许还不够。我们需要了解，这 100 个任务是否足以应对真实场景中的大部分情况，是否足以对未见过的任务有些许效果，是否足以在所有场景中都保持良好的性能？实话说，还不行，差距还很大！但我们已经向着通用算法迈出了一大步，看到了深度网络的无限可能，也可以预见它的无量前景。未来，需要我们做的事情还有很多，除了进一步增加网络规模和数据量，还需要设计更全面的评价策略、开发更好的泛化性指标、解析任务之间的相关性，让更多的研究者能够参与其中，在公平、公开、公正的平台上一起开发，共同进步。

通用底层视觉是一个很美好的目标，也是通往终极智能的必经之路。通用性所带来的不仅是想象空间，更有超乎想象的困难和挑战。比解决问题更重要的是把握方向，在人工智能突飞猛进的今天，我们都意识到了它的危险性，一旦其智能超越了人类，就有"逃逸"和被误用的可能。当然，这个顾虑主要还是针对通用人工智能的，还没有波及底层视觉。毕竟，图像再清晰，再美观，也不会对人类产生直接的伤害。但作为人工智能的研究者，我们需要为我们开发的技术负责，也需要为人类的未来负责。希望在我们不断靠近终极智能的过程中，不忘研究的初心，让人工智能为人类服务，让我们的世界更加美好。这是本书技术部分的最后一章，我们的故事还没有结束，让我们期待后续，让我们期待美好！

 小贴士 1　图像盲超分模型的分类

我们团队在图像盲超分模型的综述论文 "Blind Image Super-Resolution: A Survey and Beyond" 中将图像盲超分模型分为四类，第一类利用显式退化建模和外部数据集，第二类利用显式退化建模和单图信息，第三类利用隐式退化建模和外部数据集，第四类利用隐式退化建模和单图信息。这本质上是根据网络利用的是显式还是隐式退化建模，使用了外部数据集还是单图信息进行划分，下面介绍这几个名词的含义。

显式退化建模意味着将超分模型建立在一个可表达的图像退化公式上，例如 $I_{LR} = \left(\left(I_{HR} \otimes B \right) \downarrow_s + N \right)_{JPEG}$，其中，$I_{HR} \otimes B$ 表示真实高分辨率图像 I_{HR} 与模糊核 B 进行卷积操作，用来描述图像的模糊过程；$\downarrow_s$ 代表图像的 s 倍下采样，即缩小图像分辨率的过程；N 是退化过程中遭遇的加性噪声；$(\cdot)_{JPEG}$ 用来进一步模拟 JPEG 图像压缩；I_{LR} 是退化后的低分辨率图像。退化建模的好坏在很大程度上决定了网络的适用范围，因此，以 BSRGAN 和 Real-ESRGAN 为代表的盲超分方法提出了更为复杂的高阶图像退化模型，如图 2-7 所示，用来覆盖更为广泛的退化范围。

而网络学习显式建模信息又可以通过外部数据集或者单图内在信息两种路径得到。利用外部数据集的方法非常常见，如图 9-15（a）所示，这一类盲超分网络使用大量数据集训练，被期望能利用显式退化信息。具体实现方式可以自由设计，如 DAN 和 DASR 选择利用旁分支直接提取退化信息，而 BSRGAN 和 Real-ESRGAN 通过构建大范围的退化训练集使网络直接拟合退化空间。

利用单图信息的显式建模模型如图 9-15（b）所示，这类方法通常利用单图内在特征进行计算，估计出该图像对应的模糊核等信息，无须收集外部数据集进行训练，实现了自监督。虽然自监督的学习方式看起来十分吸引人，但是在现实生活中，图像中具有足量相似信息的情况并不常见，因此这类方法的适用范围有限。

显式退化需要人为给定建模公式，这通常并不能完全反映出真实的退化过程，因此，不再人为建模退化公式，让网络模型直接隐式拟合退化，成为人们尝试探索的另一条技术路径。如图 9-15（c）所示，这类方法使用大量外部数据集进行训练，让盲超分网络能够直接将低质量的图像映射到目标高分辨率的真实图像分布上，不用代入退化建模的先验知识，图 9-4 所示的 CinCGAN 就是一个典型代表。但是，由于 GAN 训练的不稳定性和较差的保真度，输出结果会出现伪影，图像质量无法保证。

因为第四类隐式退化建模+单张图像的盲超分方法的隐式建模难度较大，目前只能期望从大量的训练数据中拟合出规律，只使用单图信息进行隐式建模的盲超分方法研究目前还处于缺失状态。

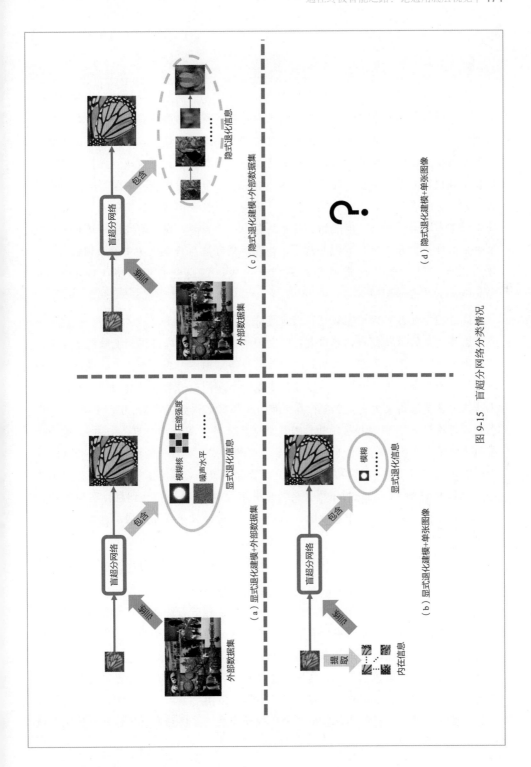

图 9-15　盲超分网络分类情况

小贴士 2　底层视觉任务预训练

　　在高层视觉任务中，人工标注数据的成本非常高，例如目标检测和图像分割任务需要手动标注目标区域，导致模型训练中可用的标注数据十分有限。随着深度学习模型架构的不断增强，对数据的需求日益增长，这些模型很容易对有限的训练数据产生过拟合，即使在面对数以亿计的数据时也是如此。为了解决这一问题，大规模数据预训练方案被提出。其目的是通过自监督学习，使模型能够学习到适用于各种下游任务的有效且通用的视觉表征，从而缓解过拟合问题。自监督预训练在高层视觉任务中取得了成功，但在底层视觉任务中并不成熟，现有的底层视觉预训练方法带来的性能提升有限。我们分析了以往在高层和底层视觉任务中的预训练方法，提出了专门针对底层视觉任务的预训练范式，即退化自编码器（Degradation AutoEncoder，DegAE）。

　　底层视觉任务可以根据数据获取难度分为低成本任务和高成本任务。低成本任务可由预定义的退化简单仿真得到，例如使用 Bicubic 下采样得到低分辨率图像，添加高斯噪声得到噪声图，添加简单加性雨线得到雨图。高成本任务的退化图像仿真过程较为复杂，例如模拟雾霾图像需要先对干净图像进行额外的深度估计，因此无法快速便捷地得到大量数据集。而现有的底层视觉预训练模型（IPT、EDT、HAT）在预训练阶段和下游微调阶段都只关注低成本任务（超分、去噪、去雨）。两个阶段的优化目标一致，导致预训练阶段其实只是利用了更大规模的训练数据，预训练+微调的形式是冗余的。这样的策略导致模型预训练+微调范式带来的收益并不明显，例如 HAT 使用 ImageNet 数据集对单一超分×4 任务进行预训练，下游微调任务依旧是图像超分。相比于普通的训练策略，预训练只带来了细微的性能提升（约0.1dB）。

　　简单来说，DegAE 实现了图像内容和退化的解耦与生成。我们需要将退化的图像恢复为清晰的图像表征，然后对这些清晰的图像表征添加新的退化，这样的方式要求编码器将所有退化的图像投射到统一的清晰图像表征分布中。如图 9-16 所示，在预训练阶段，我们首先使用一系列的低成本退化破坏一张干净的图像，带有退化的输入图像被编码器编码成抽象的图像表征。随后，解码器结合图像表征将指定参考退化类型迁移到输入图像上。这种自监督的学习范式可以有效地提取包含自然图像信息的表征。而在下游微调训练阶段，我们直接使用预训练好的编码器对高成本任务图像进行编码，将解码器替换成简单的卷积层，并将图像表征转换到输出图像空间中。

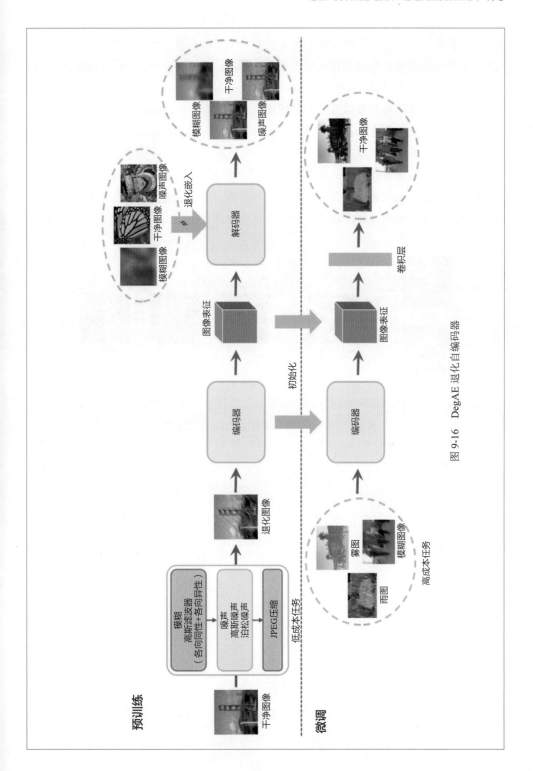

图 9-16 DegAE 退化自编码器

　　大多数底层视觉任务的目标是生成自然、干净的图像。为了实现这一目标，模型需要学习自然图像的通用且有效的表征。然而，在 8.5 节中，我们分析过深度网络往往会过度拟合训练数据集中的退化，而没有真正学习到自然图像的分布。基于此，DegAE 期望网络能够学习到自然图像的分布，而不再过拟合训练数据集中的退化。实际上，DegAE 包含两个隐含阶段：一是将退化的图像恢复为干净的图像，二是在恢复的干净图像上添加新的退化。这意味着编码器必须将所有退化图像投射到一个统一的干净图像分布中。如图 9-17 所示，传统的端到端（End-to-End）训练范式学习的是退化图像到干净图像分布的直接映射，而 DegAE 中存在学习干净自然图像通用表征的中间过程，避免了过拟合退化信息。

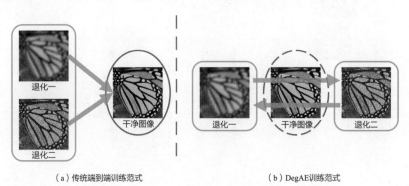

（a）传统端到端训练范式　　　　　　　　　（b）DegAE训练范式

图 9-17　传统端到端训练范式与 DegAE 训练范式

第二部分

人格之美

第 10 章
如何写一篇自己喜欢的论文

本章的章名本来是"如何写一篇高水平论文"，但我发现自己实在没有资格这样说，因为我很难说自己写的论文是高水平论文。事实上，我们的论文经常被审稿人批评，或以各种理由拒稿，以至于有时我会怀疑自己的审美。但我们的论文发表后，经常受到广泛的好评，我不知道哪个才是真相。因此，我不知道自己写的论文是不是高水平论文，更不知道别人是否真的认可我们的论文，我唯一可以确定的就是：我很喜欢自己写的论文，更喜欢自己做的工作。因此，我决定把章名改成"如何写一篇自己喜欢的论文"，这样我就有发言权了。

对于一篇论文来说，最重要的是什么？是内容，不是写作，是成果，不是故事！如果把论文比作礼物，那么内容和成果是内核，而故事和写作是包装。如果内核足够好，那么即便包装简陋，也终会获得人心。相反地，如果只是包装精美，而缺乏内核，也终会被人觑破，贻笑大方。要知道，牛顿写的《自然哲学背后的数学原理》非常晦涩难懂，但丝毫没有影响他成为伟大的科学家，最终人们记住的是他提出的三大定律，而不是他写的论文。因此，写论文前，先要问自己的科研成果做得怎么样。如果成果不够好，或者实验不充分，我建议干脆不要写论文，以免害人害己。这看上去是一个很自然的逻辑，却最难做到。我们都有私心，希望能够通过多发论文来证明自己，一到会议的截稿日期，就想尽办法凑出一篇论文来，不管质量如何，先投出去再说，就像买彩票一样。这种投机心理非常普遍，想要完全尊重科学事实，着实要费一番功夫来说服自己。当然，这也是整个社会越来越卷的结果，投稿的论文越来越多，竞争也越来越激烈。因此，我经常让学生思考一个问题：做科研的本质是什么？我给出的答案是：做科研的本质就是做科研，不是发论文，不是申请学校，不是拿项目，也不是搞帽子。科研做好了，剩下的都是副产品。所以，要想写一篇自己喜欢的论文，首先要做出优秀的科研成果。那"优秀"有没有标准呢？我认为最重要的标准不是别人给的，而是自己内心的评价。我们是否发自内心地认可我们做的事情，是否发自内心地肯定我们做的成果，是否发自内心地想跟他人分享我们的发现？如果我们不能打动自己，那么如何能够说服别人？

有了成果后，如何写作呢？这是一个很复杂的问题，但有一个简单的答案，那就是：实事求是、真情实感、如实呈现。这三个短语里都有"实"字，真实的实。从小语文老师就教我们，真正能打动别人的文章都需要真情实感，而非虚情假意，就是这个意思。但在实际操作中很多人会误解。每当我让学生实事求是地写作时，他们都会非常直接地写出他们的方法和实验步骤，平淡得就像写代码。这样虽然做到了实事求是，却忽略了真情实感。方法和实验只是科研的一部分，我们需要如实地把我们为什么做这件事（动机）、有哪些相关工作（调研）、怎么想到的这个方法（发现）、如何解读实验（分析）、得出什么结果（结论）都写出来。换句话说，我们要如实呈现的不只是我们做的事情，还有我们的思考和分析，且后者更加重要。方法和实验是客观的，但我们的思想是主观的，可以反映我们的态度和观点，是真情实感的体现。虽然写论文不是写散文，但充分的动机、创新的方法和惊艳的效果，都会带来情感上的共鸣，这也是"喜欢"的来源。

有了内容，还要进行提炼。我们的想法可能很多，需要找到最打动我们自己的部分，这也是最能打动读者的部分。在做科研的过程中，最能打动我们自己的往往是反事实的发现，也就是让我们感到惊讶或惊喜的瞬间。它们激发了我们的好奇心，促使我们向着未知的领域探索。例如，我们有一篇叫"Reflash Dropout in Image Super-Resolution"的论文，其中最重要的发现就是 Dropout 在某些场景下竟然不会影响超分的效果，这是非常反直觉的。也正是这个点促使我们进一步探索，并发现了 Dropout 在超分中的作用。那么这个反直觉的、让我们眼前一亮的发现，就是要抓住并突出的点，这种点只需要一个就够了。相反地，如果动机不足，或想法分散，就无法让读者认同你做的事情，也就让读者失去了读下去的理由。还需要做的就是结果分析。很多同学认为只要把实验结果都写出来就可以了，读者可以自行从中发现规律。这是不现实的，读者不会花太长时间看一篇论文，更不会深入研究每一个结果，我们必须把实验中反映的结论非常清晰且详细地呈现出来，而且要有推理过程，才能让读者真正读懂。

关于内容，我需要额外强调一点。我们经常听说，写论文就是写故事，如何把故事写好是关键。这带给我们一种错觉——论文可以带有虚假的成分，正如故事一样。但这是误解！故事并非都是虚构的，也可以是真实的，比如我们会讲述自己的故事。

但故事与单纯的事实并不相同。如果我们把所有的事实和细节都讲出来，就会过分冗余，失去重点。故事有一个再组织的过程，也就是凝练线索，并进行必要的填充。只有选取符合主旨的部分，才能最有效地打动读者，这才是故事的含义。说一篇论文的故事讲得好，并非说它虚构得好，而是说他凝练得好。有人为了讲故事而讲故事，讲得天花乱坠，华而不实，这就违背了科研的诚信原则。写论文还是要真实，故事讲得不好可以练，但诚信没有了，就可能断送了前程。

现在终于可以讲如何写作了。同学们往往认为这是最难的部分，其实这是最容易的部分。难在哪里？难在我们平时英文写作练得少，很多专业描述不知道，对自己写的东西没有信心。那么又容易在哪里？只要努力练习，经过两三年，大部分人可以学会。科技论文不像散文，不需要太多的文采和天赋，我们只要掌握基本的规律和技巧，就能写出合格的论文。事实上，很多"best paper"的写作水平都很一般，我们并不需要达到母语者的水平。"best paper"具备一个共同的特点，就是表述清晰。这就是科技论文写作的评价标准，不要求文采，但要求清晰。然而，大部分同学没有遵守这个原则，而是刻意地追求所谓的文采，最典型的例子就是大量使用长句和从句。有些人认为，只有长句和从句才能掩盖自己英文能力的不足，让自己看上去有文采，也只有长句和从句才能被"老外"接受。这真是大错特错！对于刚入门的同学来说，长句和从句只会暴露自己语法的不足，让整个论文晦涩难懂。"老外"也不喜欢绕来绕去，他们对我们的英文要求并不高，正如我们可以接受他们没有语调的中文一样。其实只要能看懂，能沟通，就达到了交流的目的。因此，我要求我的学生尽量使用短句，清晰明了最重要！只有熟练到一定程度后，才可以驾驭长句，达到流畅且无误的标准，刚开始不要这样做，我在修改论文的时候最常给的注释就是"句子太长，拆成两句"。实际上，凡是超过三行的句子都要考虑拆分的可能，一旦出现了四、五行的长句，往往就会伴随语法问题，比如从句套从句。我们经常读到类似"It is...that..., which...,resulting in..."或者"There is...in...of...for, and,...."的句子。这些句子过分使用了从句和介词，导致结构复杂、语义不明，造成阅读困难。因此，我建议学生多用短句，不要害怕别人说自己英语不好，把事情描述清楚最重要。

最后还要强调一下图片和排版。一篇论文就像一部电影，不只有故事和台词，还有画面和空间。图片好看，排版清晰，给人的感受就更愉悦。制作图片时，最大的难点是构图和配色。构图要饱满，不要留有太多空白，同时要简洁，不要填满没用的细节。配色要和谐，不要大红大绿，或者五彩缤纷，要合理地选择主色和配色，让它们协调统一。只要多模仿那些优秀论文的图片和排版风格，很快就可以掌握其中的规律。很多理工科同学不重视对美的感知，不愿意在美观上下功夫，以至于经常在评审中吃亏。

我相信大家读完这部分内容会受到启发，但还是不知道怎么写论文。没错，写论文这件事本来就是要练的！即便读了 365 个写作常犯的错误，也还是要把它们都犯一遍才能真正避免。我们当年学习写论文时都是自己先写一遍，然后老师重写，我们通过对比来学习。等写过两三篇论文后，老师就只会进行修改，而不会推倒重来。最后，老师只会给出一些小的建议，让论文能够更上一层楼，这时也差不多可以出师了。会写论文并不意味着从此可以高枕无忧，论文的写作水平没有上限，永远都有提升的可能。每个科研成果都有自己的特点，都需要独特的故事和描述方式，如果我们只学会了一种"套路"并不断重复，路就会越走越窄，难成大器。最好是能不断突破已有的框架，尝试新的模式，向更优秀的论文看齐。祝拼搏在科研一线的同学们都能取得高水平的成果，写出自己喜欢的论文！

第 11 章
XPixel 的团队文化：奉献、专注、平衡

做研究的团队也需要文化吗？这其实跟做研究无关，只要是团队，就有文化，只是有些团队没有把它显式地表达出来。文化是群体的性格，是内含的基因，也是发展的土壤。文化是无形的力量，可以牵动有形的事物，文化如同看不见的磁场，可以改变磁体的方向。XPixel 的文化既是团体自然形成的，也是我们有意选择的，它就是奉献（Love）、专注（Focus）、平衡（Balance），下面我来一一介绍。

11.1 奉献

第一个词显然是最重要的，它是我们的初心，也是我们的核心价值观所在。奉献并非它表面的意思，因为它对应的英文名称是 Love，而不是 Dedication。那两者有什么差别呢？单纯看奉献这个词，好像是一种不计回报的付出，或者舍己为人的大义，但这里的"奉献"其实并没有那么"高尚"，我把它定义为一种为社会创造价值、让群体变得温暖、给他人带来方便的普适性爱心。因此，它的含义更接近英文的 love，但它又不是那种世俗狭义的爱，而是偏向无差别的大爱。同时，Love 本身也包含爱自己，而不只是对别人好，这样的奉献才是健康的、持久的。把奉献和爱结合在一起，才是我想表达的本意。简单来说就是：以爱心为初心，做利益自他①的事情，to make the world a better place。

在我们的科研团队里，奉献有许多种表达形式。首先，我们做科研的目标要正确，不能只是为了自己发论文，而是要做真正有价值的创新。所谓的"水文"就是为了个人私利而发表的毫无价值的论文，这些论文多了，学术氛围就被破坏了，好的论文也会被掩盖。如今这种情况越来越普遍，因为竞争太过激烈，大家都面临着巨大的毕业、晋升和项目压力，不得不想尽办法来为自己"贴金"，从而更好地"生存"。但越是如

---

① 佛教用语，意思是对自己和他人都有利。

此，大家的生存环境就越差，想要做好科研就越难。因此，我们要守住做科研的初心，做对社会有意义的研究，发表对领域有价值的论文。我们绝不培养精致的利己主义者，那样的人越聪明，对社会的危害就越大。其次，我希望团队内部的同学都能互助互爱，愿意为他人付出，为团队奉献。这一点 XPixel 的同学都做得很好，他们相互帮助战胜了无数困难，也创造了很多合作的机会。新同学们从师兄师姐那里获得的帮助和提升比从我这个老师这里要多得多。团队里科研做得最好的同学往往也是最喜欢帮助别人的同学，还是最受大家尊重和喜爱的同学。最后，我希望同学们的视野能够扩展到科研之外，去关爱整个世界。我们可以做一点小小的事情，让我们的社会和环境变得更好。我会带着同学们一起做公益，养成每日一善的习惯。我们每天捐一块钱，十年后就可能捐一所希望小学，正应了那句歌词"只要人人都献出一点爱，世界将变成美好的人间"。

11.2 专注

专注是我们对方向的选择。我们专注于一个科研方向（底层视觉），坚持十几年不动摇，并且把它做出了风格，做成了品牌。专注做一件事是成功的捷径，我不是很成功，但我确实因此受益。十年时间，我从一个初出茅庐的小伙变成了独当一面的专家，如果没有十年如一日的坚持，我很难从这么"卷"的环境里脱颖而出。因此，专注也就成了 XPixel 的文化。我们不跟风、不攀援、不追热点，坚持自己的科研理念，做好底层视觉这点儿事。这些年常听人说："你还在做超分吗？好像已经没什么可以做的了。"我的回答是："一直在做，但我觉得它才刚刚开始，这个领域越来越有意思了。"实际上，我们之所以能一直做，也是因为它太深刻，我们始终没有看透它，更没有掌握它，只能在边缘不断打孔，管中窥豹，这也是科研的魅力所在。

专注也是我们做事的态度。我们做任何事都需要专注的态度，这样才能把心沉下来，把事做进去。专注的英文 Focus 就是把注意力集中到一起的意思。但现代人已经很难集中注意力了，他们迷失在各种短视频、小游戏和快新闻中，即便是看电影，也更喜欢看三分钟解读。长此以往，我们的大脑就会习惯于短时的精神刺激，而无法进入深度思考。为了培养专注力，我建议同学们重新拿起书本，用纸张来代替屏幕，踏踏实实一页一页地读。论文要看原文，书籍要看原著，"两耳不闻窗外事，一心只读圣贤书"，这样才无愧为一名学者。做科研时更要专注，只有深入进去，才能发现问题所在，也才有创新的思路。如果只是浮于表面，那就只能看个热闹，永远入不得厅堂。

11.3 平衡

平衡是这里面最难做到的，也是我们最需要努力的。所谓平衡，就是要平衡工作与生活、平衡科研与娱乐、平衡努力与健康、平衡身体与心灵。平衡的目的是健全我们的人生。换句话说，我们的生活往往在失衡中度过，做科研的老师和同学经常会把大部分精力投入科研，而忽视了自己的身体，忽略了自己的心灵，最后落得身心疲惫，甚至抑郁早衰。如果做科研要以健康为代价，那它真的值得我们去追求吗？我们想要的难道不是健康幸福的生活吗？说到底，科研只是我们的爱好、我们的事业、我们的工具，而不是我们的目的。因此，我们要努力在做科研之余，创造平衡健康的生活，让自己向着幸福的人生迈进。

那么应该如何做呢？我在团队里面建立了两项机制，第一项是运动打卡，第二项是读书会。先看第一项，运动是健康生活的必备条件，这大家都知道，却很难做到。即便是喜欢运动的同学，在学校里也很少运动，怕老师会认为自己不够努力。而运动打卡就是要用集体的力量来克服个体的惰性，同时避免运动时产生心理负担。同学们的打卡内容完全是个性化的，每个人要完成的项目都由自己决定，而打卡就是在提醒自己要运动，即便今天休息，也要把运动记录发到群里。当然，作为老师我也会打卡，也会带头运动，甚至会经常组织大家集体爬山、练八段锦。实际上，运动不仅不会浪费我们的时间，还会提高我们的效率，增强我们的耐力，对科研有益无害，何乐而不为呢？

有了身体的健康，还需要心灵的滋养，所以就有了第二项机制——读书会。读书会并不是读论文，也不是谈时事，而是在更广阔的世界里学习人生哲学。我们的读书会有很多主题，包括人物、心理、文化、健康、减压、科学等，书目由我为大家挑选。每次读书会都由一个同学来解读一本书，然后大家一起学习讨论，因此每个同学都有读书和讲书的机会。那我们为什么要读书呢？难道读了二十年书还没读够吗？确实如此，远远不够。前面那二十年，我们读的是课本，为的是升学，不是真心享受读书，也没有拓展读书的范畴，大部分同学到了研究生阶段就不再主动读书了，偶尔有些同学喜欢阅读，也主要是读一些文学作品，而对哲学、科学、文化作品完全没概念。这样一来，我们的视野就局限在当前的环境中，而无法拥有更大的格局、更深的底蕴、更高的心境，也就难以从优秀到卓越。最终，学了再多技能，也只是别人的工具，而不是自己的主人。读书可以打破心灵的束缚，实现人生更大的跨越。当然，读书不是一朝一夕的事，没有三五百本的积累是不行的，读书会主要是帮助大家养成习惯，真正的用处还要五年甚至十年后才能显现。

"奉献（Love）、专注（Focus）、平衡（Balance）"是一个整体，有爱心、有事业、有健康，才能拥有幸福的人生。文化就像花园里的土壤，它滋养着每一株植物，即便没有努力耕耘，植物也会茁壮成长。当然，文化没有对错，有正面就有反面，奉献不一定理性，专注可能带来狭隘，平衡也许浪费了时间，这三个词并不适合所有人，也不适合所有团队。每个团队都有自己独特的文化，都值得尊重和赞美，我只是把我们的选择介绍给大家，希望用它来吸引志同道合的人，也希望用它来指引我们自己的方向。

第 12 章
XPixel 的科研地图：XPixel Metaverse

XPixel Metaverse，如图 12-1 所示，是 XPixel Group 集体智慧的结晶，它体现了 XPixel 所有成员对科研的坚持、对艺术的追求、对生活的热爱，以及对世界的责任。（XPixel Metaverse is the wisdom fruit of the whole XPixel Group. It represents our perseverance to research, our taste of art, our enthusiasm for life, and our responsibility to the world.）

首先介绍 XPixel 和它的 Logo，见图 12-1 右上角。XPixel Group 中的 X 代表交叉合作，也代表探索未知和无限可能。Pixel 的中文意思是像素，代表我们做的是底层计算机视觉（与像素相关）的研究。Group 是团队，区别于 Lab 实验室，即我们是一个团队，不受地域限制。Logo 的左侧是 XPixel，Pixel 用的是毛笔笔刷，有中国风，e 中间是一个星球，也可以看成眼球，说明我们是做视觉的，也具备全球视野。左侧 X 的大笔刷更有艺术感，体现科技和艺术的融合。右侧的凤凰又是中国风，抬头向上飞向天际，代表我们团队朝气蓬勃，理想远大。三条尾羽代表"奉献、专注、平衡"的文化，凤凰同时是百鸟之王，引领众鸟来朝，预示着我们的工作领先世界，造福社会。

下面就请跟随文字向导，一起来巡游 XPixel 的历史和现在。

设计理念：为了完整而有特色地展示 XPixel Group 的各项科研成果，我们采用了"地图"的形式，引入山川、河流、建筑等元素，将一项项科研成果与这些元素对应，最终构成了 XPixel Metaverse。目前，图中的大陆被三片海洋包围，遍布 XPixel 从 2014 年到 2022 年的经典科研成果，完美地将科技和艺术结合在一起。

图 12-1　XPixel Metaverse（由董超策划、李进绘制、李雨航辅助完成）

海洋：海洋以 XPixel 的团队文化（奉献、专注、平衡）命名，象征着大陆上众多科研成果在这种优秀的文化中孕育而成。而大陆的河流最终汇入这片汪洋，又象征着小组的工作成果最后又回归并加强了这种科研文化。

大陆：贯通大陆的河流由左上角的高山发源，此山代表深度学习超分辨率的开山之作 SRCNN，象征着这项工作重若泰山。由此发源的河流上游被命名为 Image Super Resolution（SR），此段周围的建筑与地形均是传统单图像超分的重要成果。河流上游出现了最早的支流 Blind，象征着图像盲超分这一分支领域的出现。顺主流而下到达一处大坝，大陆地形由高地转为海拔较低的平原，象征着在早期工作的基础上，随着更多优秀研究者的加入，XPixel 的科研工作开展得比以往更加顺利。在大坝下方形成的名为 Low-Level Vision 的湖泊分出三条河流，分别是代表交互式可调节复原的 Interactive Modulation、超分网络可解释性的 Interpretation 和视频处理和复原的 Video Processing。

Interpretation 所流经的地图上方，其沙漠地貌与其他地方产生了强烈反差。这是因为底层视觉可解释性领域的工作非常稀少，且进展尤为不易，所以地貌较其他领域更加严酷。这份不易对应的，是隐藏在沙漠背后未被探索的广袤空间。

在大陆的沿海处有一片码头区域，是超分领域最大的开源代码库 BasicSR。这是 XPixel 科研工作的重要载体和精华，也获得了国际上广泛的认可与使用，与码头的作用高度契合。

文字介绍及其他元素：地图的左上角是作品的名称 XPixel Metaverse。地图正上方是 XPixel 的愿景 Our mission is to make the world look clearer and better! 地图右上角是 XPixel 的 Logo，地图中沙漠和沿海的两处小凤凰是 XPixel 的吉祥物。

大陆上各种地形、建筑均以 XPixel 的科研成果命名，并添加文字介绍。文字介绍最多四行，从上到下依次为某领域的开创性成果（以斜体标明该新领域）、工作的简称、工作发表的期刊及年份、工作的荣誉。

为了能更轻松地辨识各个领域的成果，这些成果均以地图右上角 XPixel 的 Logo 图案中的一个颜色进行着色。

XPixel Metaverse 承载着我们的历史，也呼唤着美好的未来，愿世界各地优秀的学者与我们一起，让世界变得更清晰，更美好！（XPixel Metaverse not only records our glorious history, but also previews our brighter future. Welcome excellent scholars from all over the world to work together for a clearer and better world!）

第 13 章
不朽的科学家精神：读爱因斯坦

　　都说爱因斯坦是 20 世纪最伟大的科学家，这无疑是一种极高的评价，但也可以看作片面的恭维，它在无形中否定了普朗克、洛伦兹、泡利、波尔、薛定谔等其他科学家。我们的世界总喜欢排名，但这只是人们的一厢情愿，没有哪一项科学发现是最好的，也没有哪一位科学家比其他人更伟大。从另一个层面讲，我认为连"科学家"都只是虚名，我们要学习的只是科学家精神。许多科学家在成为科学家之前，保有着纯粹的科学家精神，而一旦成为科学家，就渐渐背离了科学家精神，因此我们不能简单地被科学家的头衔所迷惑。同时，科学家本身也有缺点，例如他们在科学上的执着，往往会表现为人际关系上的孤僻和冷漠，这不是我们应该效仿的。因此，我们读爱因斯坦，关键是学习爱因斯坦身上所体现的科学家精神，而不是将爱因斯坦作为人生榜样来推崇。即便是爱因斯坦本人，也绝不希望后人将他高高供起，因为那样他将被关进金色的笼子、套上金色的锁链、挂上金色的牌子，从此无法任性和逆反，也将失去最宝贵的科学家精神。

　　那么，什么是科学家精神呢？这个问题很难回答，每种文化、每个时代都有自己的答案。我们换个角度来问，科学家精神到底是人为定义的，还是天然存在的？这就像问科学研究到底是发明了新的东西，还是发现了原本就存在的道理？就科学而言不难回答，科学的本义就是要发现自然规律，然后利用规律创造新的技术。但科学家精神也是天然存在的吗？我的回答是：我们共同认可的科学家精神是天然存在的，而不同文化、不同时代中所存在的差异是人为定义的。我们这里所探讨的科学家精神，主要指人类共识的部分。我试着提炼出科学家精神中的三点精髓，并借由爱因斯坦的例子来展开探讨。它们分别是探索未知、实事求是和永无止境。

13.1 探索未知

探索未知很难吗？探索未知本来是不难的，每个小孩子都可以做到。但一旦长大，我们就会觉得探索未知越来越困难，以至于不得不把它提出来重新审视。探索未知，最重要的是好奇心。好奇心人人都有，每个人小时候都有无穷无尽的问题，比如"我是怎么来的？""宇宙有多大？""时间有起点和终点吗？"，等等。但当我们成人以后，就不再问这些问题了，不是因为我们知道了答案，而是因为我们认为它们没有意义。我们开始把精力放在可以产生"实际价值"的地方，比如考试、工作、投资、婚姻。我们对世界不再好奇，我们对生活司空见惯，我们开始离童心越来越远，这对普通人来说没有什么，但对科学家来说就非常重要了。如果失去了对自然和生命原本的好奇心，那么科学研究就会变成谋生的手段，而学术界就会变成新的名利场。

我们还是从实际的案例出发。爱因斯坦从小对物理学有着浓厚的兴趣，但这个兴趣不是来自某位老师，也不是来自某个学科，而是来自对世界背后的秩序和本质的好奇心。这使得他并不在意研究的是不是物理学，如果可以，也可以是数学、化学和哲学。事实上，这几个学科也确实相互交叉，从不同的侧面探索世界的真相。爱因斯坦的过人之处在于他的好奇心并没有随着年龄的增长而消退，而是持续了一生。他像个孩童一样不断地询问"为什么"，尤其是在他刚刚大学毕业的时候，没有找到合适的教职，只能靠专利员的工作维持生计。普通人到了这般境地早就放弃了自己的理想，专注于谋生，先有生存，再求发展，但爱因斯坦没有这样做，他把几乎所有的业余时间用来进行科学研究、思考和讨论，他与几位好友甚至成立了"奥林匹亚研究院"来探讨他们感兴趣的问题，而整个研究院只有三个人。他对科学的追求并没有因为他的职业而改变，换句话说，此时的爱因斯坦不是教授，不是科学家，却有着纯粹的科学家精神。也正是这份精神让他能够在 1905 年产出 5 篇惊世著作，而在那之前，他完全默默无闻，没有任何教职，更不从属于任何科研机构。这就是好奇心的力量，是让人类可以仰望星空、超越动物性的力量。

这份好奇心在现代社会尤为难得。我们扪心自问，到底是什么力量在驱动着我们进行科学研究？是发论文？拿项目？影响力？大新闻？还是高薪酬？追求这些也没有错，但不能忘了好奇心。我在教学时发现，大多数学生在做科研时，不是真的想探索事物背后的原理，而是天天期盼着好的实验结果，这样才能发更多论文，获得更多的安全感。当实验结果不符合预期时，当审稿人不认可投稿时，当周围的同学有好的成果时，当研究方向不再热门时，他们就会变得焦虑不安、恐惧不已，完全丧失了对科研本身的兴趣。当然，这也不能全怪学生，我们从小就被教育要努力学习、赢得竞争、考上名校，自然会对排名和成果格外重视。但如果以这种方式驱动，我们的科学研究就不再纯粹，而是夹杂着太多名利，使得我们只在乎结果，不在乎过程。这样的过程不仅是痛苦的，而且可能是浮躁的（灌水）、夸大的（造势），甚至虚假的（造假）。当我们发现好奇心驱动的学生时，都会格外珍惜、加倍保护。比如我们组的喻方桦同学就对科研就有着纯粹的好奇心，他跟我们讲，只要能让他专心地做自己想做的研究，他不在乎论文、学历、地位和薪资，如果找不到工作，他就自己买服务器在家做科研。他经常做实验做得忘记了睡觉，每位同学都被他的科研热情所感染，而他做出来的成果都是突破性的。对于这样的学生，我会尽全力保护他的科研热情，不让他被外在的名利所染，即便没有论文产出，也会把他推荐到最好的地方读博士，这就是纯粹的科学家精神所产生的力量。

13.2　实事求是

实事求是很难吗？毫无疑问，实事求是是科学研究的基础，但当实验与假设不符时，当数据与理论不合时，当自己与权威冲突时，我们还能不能实事求是，这要打一个大大的问号。实事求是，既要遵从自己内心的想法，又要尊重实际的实验结果，既要勇于坚持自己的信念，又要敢于承担一无所获的风险。实事求是并不一定就是"回答正确"，我们要承认自己的观点可能是错误的、偏颇的，但只有敢于表达真实的想法，才能发现并解决问题。实事求是的难点就在于客观事实与主观认知的矛盾，真实的世界中往往会事与愿违，实验结果大多数时候不符合我们的预期，权威的解释也可能非常牵强，我们能否突破内心的障碍，摆脱对成果的执着，坚守内心的正道，就是科学家精神的真实体现。

在《爱因斯坦传》中，作者总是说他非常自我，喜欢挑战权威，于是就给爱因斯坦戴上了一个叛逆的帽子，但我认为这恰恰是他实事求是的表现。叛逆有很多种动机，如果纯粹是为了获得他人关注，那就是缺爱的表现。但如果是为了表达自己的真实观点，那就是实事求是的勇敢。诚然，我们每个人都有自己的想法，但不是每个人都敢于表达。爱因斯坦在读书时就表现出了极强的"叛逆"倾向，他不喜欢墨守成规，对传统的填鸭式教学方式非常反感，甚至把德国的中学说成独裁主义教育。他并非有意叛逆，而是在用行动表达他的实际想法。当他进入阿劳州立中学后，非常喜欢那里的环境，他内心的尊严和好奇心都得到了保护，也从此开始了持续一生的思想实验。当他进入大学后，也丝毫不避讳老师的权威，甚至会有意挑出他们的问题，也正因如此，他得罪了几乎所有的大学老师，以至于毕业后连助教工作都找不到。当然，我们不能提倡这种不尊重他人的行为，但这也是爱因斯坦可以突破常规，开创物理学新纪元的性格基础。他成名后，有人反过来说他成了自己理论的卫道者，开始维护自己的权威，与新的物理学（量子力学）开战。但我认为这同样是他实事求是的表现，爱因斯坦反对量子力学，并不是在维护自己的权威，而是在守卫自己内心的真理。当他论战失败时，他会坦然接受，也会不断发起新的挑战。他还会自嘲地说自己"思想已经锈住，而钙化的外壳周围仍然裹了一层闪闪发光的名声"。而且我们看到，爱因斯坦一生当中经常犯错，对一开始的理论给出了错误的判断，在广义相对论的论文中计算错误，对量子力学的判断也不断出错。这些恰好证明了爱因斯坦不是大家心目中的天才，他的理论是在不断修正的过程中发展起来的，而不是突然收到了上天的启示，那是神学，不是科学。

我们平时遇到的"最麻烦"的学生就是不实事求是的学生，这类学生有一个很大的特点，就是会掩饰自己的实验结果。他们只给你看好的部分，而不谈坏的部分，以至于我们总是认为他们的实验进展得很顺利，并做出错误的判断。当实验结果不符合预期时，他们也会用各种借口来掩盖自己的问题，等我们发现时，已经过去几个月了。这种情况一旦被发现，我们就再也无法相信这个学生了，无法相信他的承诺以及任何实验结果，这对他来说也是致命的打击。不能实事求是的另一个案例就是夸大事实。在学术界，伪造实验结果的现象较少，夸大事实的现象却非常普遍。我们往往会把自己的发现说得非常重大，生怕别人看低了自己。同时，我们会突出和强调好的结果，对失败的案例和方法的局限性轻描淡写，这也是一种夸大，会让大众产生误解。科学研究和新闻传播不同，科学研究的目的不是吸引眼球，而是严谨准确地说明实验现象和结论。现在的许多公众号文章会不负责任地夸大事实，只为获得短暂的流量和影响力，科研人员一定要慎之戒之，不要被浮躁的社会风气影响。

13.3　永无止境

永无止境意味着探索真理的道路没有尽头，而科学家精神不会随着生命的流逝而消失。年轻时的爱因斯坦对科学充满热情，提出了狭义相对论和广义相对论，也因为光电效应获得了诺贝尔奖，这让他进入了科学的圣坛。而他步入中年后，很少再提出有影响力的学说，这是不是说明他的科学家精神已经淡化了？恰恰相反，爱因斯坦从没有离开过物理学的第一线，他用信仰般的执着探索着统一场论，又用天才般的头脑攻击着量子力学，他的努力虽然没有带来直接的成就，但间接地推动了科学的发展。更重要的是，无论是否有结果，他都矢志不渝地追求真理。他没有用自己的名声招揽更多学生、拿更多项目、开办企业和工厂，而是独自进行着冷门且风险巨大的统一场理论研究，这恰恰是科学家精神的体现。永无止境，不一定硕果累累，也可以无怨无悔。

与此相反，很多研究者在成为科学家后，逐渐失去了科学家精神。他们身处高位，掌握着大量资源，却再也无法做到实事求是、公平公正。他们对真理的好奇心逐渐消退，取而代之的是对名利的执着。他们身处利益的中心，忙于争取各种资源、摆平各种关系，却离科研一线越来越远。他们有时也是身不由己，我也为他们深深惋惜。当这些最聪明的大脑被各种琐事纠缠时，我认为也是一种人才的流失，是全人类的遗憾。我想，即便我们不能坚守科学家精神，也要让科学家精神流传下去，把它教给年轻的后来人，让优秀的品质代代相传，这也是一种永无止境。

另外，科学家精神也不一定只体现在科学探索上。即便不再做科学研究，也可以拥有科学家精神。爱因斯坦并不只关心科学，他也关心政治，尤其在二战期间，他始终关注着全人类的命运，致力于推动世界和平。在原子弹爆炸成功后，他一直怀着内疚的心情，希望能建立统一的世界政府，防止核武器战争。科学说到底还是为人类服务的，如果科学的前景是毁灭人类，那科学家本身也要承担责任。越是面对重要的科学研究，就越要谨慎，即便科学家本身毫无恶意，他们的研究成果也可能被他人利用。科学家精神也理所应当包含让人类和平永续的大爱，这也是很多科学家都会参与政策制定，并积极投身科普和教育事业的原因，这些看上去与科研无关，但都是科学家精神的体现。科学家的生命是有限的，但科学家精神是不朽的，希望我们能集合全人类的力量，共同守护这份纯粹和美好，让它在每个人的心中生根发芽，让我们的世界走向更光明的远方！

第 14 章
研究员的一天

在此之前，我从未想过要记录自己的日常生活，那不过是再普通不过的事情，直到看到吉米·哈利所著的"万物"系列图书。这套图书记录了一个乡村兽医的普通生活，生动有趣，字里行间都透露出作者对生活的热爱，每个小故事都让我感受到自然和生命的美好，散发着不可思议的魅力。原来，只要我们用心生活，那些平凡的琐事也能变成美妙的经历，甚至能够带给他人启迪。于是，我也想模仿着写一下我的生活——研究员的一天，想必很多人也很好奇，研究员到底每天都在做什么呢？他们又是如何看世界的呢？

我如往常一样来到中国科学院的办公室，打开门，蓝天青山荔枝园立即透过窗户映入眼帘。尽管已是深冬，深圳的植物仍然郁郁葱葱，充满生机。打开窗户，清新的空气流进来，新的一天开启了。与往常不同的是，我发现桌子上多了一封信，是香港大学研究生院寄给我的，他们很少给我寄信，最多是发邮件。打开信读了一遍，原来是我之前的学生在申请香港大学，我是他的推荐人，所以他们给我寄了一封确认信。这封信并不一般，读了让我又气又笑，正好一会儿学生们要来汇报工作，就用这封信给大家上一课吧。

十点，学生们陆续来到我的办公室，准备汇报近两周的工作。开会前，我拿出那封信，让大家轮流读一下，看谁能发现其中的问题。离我最近的同学最先接过了信，囫囵吞枣地看了一下，很自信地交给下一个同学，说"这是一封香港大学寄来的感谢信"。这就如同看了一遍《战争与和平》，说那是一本关于俄国的书一样，等于没有看。后面的同学接受前面同学的教训，看得认真一些，经过三四个同学后，他们终于发现了真相：这封感谢信里所提到的推荐信是学生伪造的！说到这里，第一位同学赶紧把信要回去，仔仔细细地读了一遍，像侦探一样道出其中的玄机。首先，信的开头有关于推荐人的信息，邮箱留的是以我的名字拼音开头的 163 邮箱，而不是我平时用的工作邮箱，这就很有问题。一般老师给学生写推荐信都要用工作邮箱以示身份，不可能用私人邮箱，而这位学生以我的名义开通私人邮箱，就是要绕开我。其次，信的中间有对学生各个方面能力的评价，这里记录的所有指标都是杰出。这种情况很少出现，除非这个学生极为出色，否则总会有几项是优秀而非杰出，这里明显是学生想自我拔高。最后，推荐信用很夸张的语气进行了极端的赞扬，几乎是饱含深情、热泪盈眶，给人的感觉是这位教授从来没有见过这么优秀的学生，这怎么可能？越是厉害的教授，写的推荐信就越平实低调，什么样的学生没见过，哪里会这么激动？如果我们向其他老师推荐学生，哪怕只是说一句"这个学生做事还挺靠谱的"，就已经是很高的评价了。几番推演下来，所有的蛛丝马迹暴露无遗，这是一封低劣的伪造的推荐信。

　　什么样的学生会写这样一封推荐信呢？这个学生之前确实在我这里实习过，但后来被我请走了。他原本有着不错的基础，也很善于表达，但他有一个致命的缺点，那就是不诚实！他的不诚实在科研中体现得淋漓尽致，他会刻意掩盖失败的实验，只展现好的结果，同时隐藏自己的不足，只表现优秀的一面。刚开始时给人印象还不错，但时间久了，就会暴露很多问题，最后我完全无法相信他的任何结果和承诺，以至于无法继续指导他，最终请他离开了。后来他也找过我写推荐信，但我拒绝了，我不能昧着良心去"帮忙"，那样反倒耽误了其他申请的学生。没想到他为了申请读博，还是盗用了我的名义伪造了推荐信，本以为神不知鬼不觉，最终还是露出了马脚。这也正好成为今天的素材，警示大家一定要守住道德底线，任何欺骗早晚都会被揭穿，到那时失去的就不只是颜面，而是别人的信任，以及跟他相连的所有机会。这对做科研的同学来说尤为重要，"实事求是"是科学研究的根本，宁可没有成果，也绝不伪造结果，宁可没有贡献，也绝不误导别人，这样才能让别人尊重你的成果，也让我们自己尊重自己。

　　接下来就是跟大家开会了，每个同学讲一下自己的科研进展，还有下一步的规划，我来提一些建议。这个过程听上去挺正常的，其实并不是最好的方式。在集体汇报时，同学们会尽可能简化自己的语言，省略大部分过程，只讲对自己有利的结果。一方面时间有限，不能讲太多细节，另一方面有其他同学在场，需要顾及自己的颜面。如此一来，汇报也有了一定的表演性质。作为老师的我也是如此，听到同学们的汇报后要立即做出反应，在没有全面了解的情况下给出的即时性反馈，能有多大的准确性呢？这也是让我感觉非常惭愧的地方。真正有效的指导一定是一对一的，而且要与学生充分交流，深入细节，这样才能给出比较有价值的建议。早些年我也是这样指导学生的，可如今学生多了，事务也多了，时间和精力都不允许。虽然我也会尽量安排学生一对一见面，但还是只能蜻蜓点水，这不是一流的学者应该有的做法。希望有一天我也可以卸掉所有担子，跟三五个学生一起冲击世界之巅，那真是很幸福的事情呢。当然，现在有这么多学生我也很开心，他们都很优秀，也很努力，能陪伴他们成长，也是我的幸运。

下午的时间我一般留给自己，处理邮件、看论文、读书和运动，这里主要谈谈看论文。论文一般是英文的，读起来有一定的难度，因此出现了很多公众号来解读论文，还有很多网站来宣传科研成果。普通大众主要通过新闻来了解科研进展，半专业人士会读解读文章，而专业人士一定要看论文原文。它们的区别在哪里呢？新闻只会把论文中最重要的结论拿出来，不需要解释细节，也不用讲太多道理，目的是让大家知道发生了什么。而且有些新闻为了浏览量，会夸大事实，用哗众取宠的标题来吸引眼球，使读者产生震撼的感觉，这种感觉多半是错觉，甚至是误导。很多人看多了科技新闻，就会产生莫名的恐慌，感觉世界很快就会被颠覆，这其实都是片面宣传带来的假象。这也是科学家要亲自做科普的原因，就是要纠正谣言，正本清源。公众号的论文解读一般由博士生或研究员撰写，目的是让大家用最快的速度了解最新的进展，进一步接触相关的论文。这种行为本意是好的，问题出在写文章的人的水平和看文章的人的心态上：写文章的人限于自己的研究领域，不可能做出完全公正的解读和评价；看文章的人会着急看完结论，而忽略大部分细节。这就把一篇很严肃的科技论文变成了一篇茶余饭后的新闻，很多人看完解读文章后就不会再去看原文，这其实是舍本逐末。专业的学者一定要看论文原文，这是任何方式（包括作者的报告）都取代不了的。论文是作者的思想精华，最能代表作者本人的水平，他们对自己工作的理解一定超过其他解读者，而且，论文里会客观地讲出前因后果，公正地对比同类工作。我们要通过论文的细节体会文章里没有讲到的部分，尤其是方法的适用范围和存在的问题，这些对我们的理解都至关重要。无论是刚入门的学生还是资深的研究员，都要重视论文原文的阅读，而且要静下心来踏踏实实地阅读，这才是做科研应有的心态。

今天晚上比较轻松，我跟师兄约了一起吃饭，师兄是香港中文大学的教授，他的妻子在美国待了很多年，正想回国找工作，就约我了解国内的情况。我选了离口岸较近的一家日式料理店，这样可以坐在榻榻米上安静地聊天。本以为他们会很熟悉日式料理，结果他们只点了定食和炒饭，这可不是招待贵客的方式，所以我就接过菜单点了些寿司、烧烤和天妇罗。他们说在美国吃饭很少有这么多花样，基本是点一人份的定食，国内的饮食真是丰富多了。我们首先聊起了美国的情况，以及师兄妻子回国的原因。她说美国各大公司在裁员，她这些年一直在谷歌工作，本来是非常稳定的，但谷歌也在裁员，这都是 OpenAI 和各种大模型带来的压力。确实，过去一年，整个人工智能领域发生了颠覆性的变革，国内的各大公司纷纷转向大模型，我以为谷歌会淡定一些，原来也差不多。让我没有想到的是，她说谷歌的裁员是随机的，而不是根据业绩或能力。我觉得这很不可思议，如果没有理由就被裁掉，岂不是很奇怪？她说在谷歌恰好相反，如果企业提供了裁员的理由，而对方又不认可，就很容易招来投诉，这样的事情多了就会产生不良的社会影响，如果大家一律平等，就不会产生这样的问题了。这跟国内还真是很不一样啊。她也提到了谷歌的工作模式，她这两年主要在谷歌旗下的自动驾驶公司工作，而这家公司的技术确实非常领先。这家公司从一开始就致力于真正的自动驾驶，而不是辅助驾驶，因此花费了更多的时间和资源来积累，公司的相关技术目前还没有落地量产，但已经比国内领先一大截了，这些技术一旦落地量产，又会出现轰动效应。我们总是关注小目标，看到的都是人家已经做出来的东西，无法踏踏实实地默默积累实力，注定会一直跟跑。其实，科学研究就是一个逐步积累的过程，没有什么技术能够横空出世，都是由量变产生的质变。所有的差距都是自然规律带来的，尊重自然规律，就能走得更快，就是这么简单，但也就是这么难。我也给她介绍了国内的情况，这些年国内的科研环境有很大改善，我所在的中国科学院也在不断革新，非常渴望优秀人才的加入，尤其是像她这种有很强的工程能力和企业背景的人才，对我们的科研项目会是很大的助力。我们聊得很开心，仿佛回到了校园，当年的自己指点江山、激扬文字，好像世界尽在掌握。如今的我多了几分敬畏，敬畏社会、敬畏人性、敬畏自然、敬畏生命，不求改变世界，但求无愧于心。希望几十年后，我们还能像少年一样，守着这份初心，笑对成败得失，也依然祝福着这个世界。

第 15 章
中华智慧解读"钝感力"

"钝感力"，顾名思义，就是与"敏感力"相反的能力。它与"反脆弱"的作用很像，单是这个名字，就能带给人不一样的力量。钝感力是一种非常实用的生活减压哲学，可以让我们在紧张的同时保持开放与乐观。可以说，敏感力让我们活下来，而钝感力让我们活得更好。"钝感力"来自渡边淳一的《钝感力》，它通过各种生活小故事，生动地阐释了钝感力的作用。在本章，我想用中华传统文化中的智慧来重新诠释钝感力，希望能让大家对它有更全面的认知和更深入的体会。

15.1 技巧：太极圆转

太极拳是中华文化的代表和骄傲，它融合了儒家和道家中的阴阳辨证观念，追求天人合一的境界。太极拳里有一个经常出现的动作，叫太极圆转，就是双手一直在画圆。外行人不明所以，其实里面有大学问。手在画前半个圆时，实际是在接收对方的进攻，想象前方有一拳打来，这半个圆刚好从侧面把拳接了过来。但是，我们只接收了这一拳的动作，却不接受它发的力，后面的半个圆就把这一拳的力向下化解了。圆的作用就是将打向自己的力稍作引导，变为离心力，不仅改变了它的方向，而且削弱了它的力量，这就是四两拨千斤。太极拳实在是一种极妙的武术技巧，但它与钝感力有什么关系呢？

关键就在于"接收但不接受"，用英文来讲就是"Receive But Not Accept"。这恰恰就是钝感力的技巧。钝感力意味着我们收到了别人给我们的信息或能量，但没有全部吸收，而是巧妙地化解了。换句话说，从外界看我们收到了别人发出的信号，但从内在看我们选择性地处理了信息。这种技巧非常实用，尤其是在外力强大且无法躲避的情况下，可以用最小的代价保全自己。

举个例子，年初，A 和 B 两个人同时去开会，会上领导传达了上级部门制定的新政策，并宣布了下一年的计划。大概内容是"我们既要××，又要××，还要××，同时要××，希望大家加倍努力！"这段讲话可以说是重磅出击，但对 A 和 B 造成的影响却大不相同。A 感觉到压力，这么多的指标，不知要付出几倍的努力才能完成，他内心感到痛苦，很想去跟领导抱怨，但又不敢。而 B 就不同了，他面带微笑地接收了任务，回去将其分解为可达成、难达成和不可达成三类，再重点关注可达成的部分，将不可达成的部分完全抛到脑后，最后发现工作量并没有增加很多。A 和 B 的区别就在于收和受的选择上，A 因为无法接受，所以也不想接收；而 B 先接收过来，再选择如何接受。A 的压力不仅来自外在的任务，也来自内在的纠结。而 B 化解了压力，不仅不需要对抗领导，也不用违背自己的内心。这就是利用了太极圆转的道理，展现出了强大的钝感力。

15.2 智慧：难得糊涂

难得糊涂不是真糊涂，而是装糊涂，装糊涂的人往往是明白人。难得糊涂这个成语出自清朝画家郑板桥，还配有几句诗来解释："聪明难，糊涂尤难，由聪明而转入糊涂更难。放一着，退一步，当下安心，非图后来报也。"这是一种难得的处事智慧，也是历经世事沧桑后才有的圆融。小时候我不理解，以为只有聪明才能进步，装糊涂不是糊弄人吗？长大后才知道，聪明像利剑，不仅能杀敌，还能伤己，全看怎么用。糊涂就是剑鞘，该收敛的时候要收敛，该保全的时候要保全。不露锋芒可以顾全他人颜面，防止无谓争斗，更可以韬光养晦，化敌为友，何乐而不为。这不就是钝感力吗？不是剑锋钝，而是不以剑锋示人，大家和和气气才能长久。若什么事都计较得清清楚楚，分个是非对错，那么不仅自己累，还会把人得罪光。所以剑锋越锐利，越要配上钝的剑鞘，敏感和钝感也是如此。

难得糊涂不是和稀泥，实在是世间关系太复杂，难以厘得清。正所谓人在江湖，身不由己，无论在政界、商界、学术界，也无论是在家里、邻里、朋友圈，都有复杂难调的人际关系，都有无数的压力。就拿重点实验室的主任科学家来说，他们向上需要对国家负责，肩负民族复兴的重任；向下需要对学生负责，承担培养顶尖人才的使命；对外需要与企业对接，让技术服务市场；对内需要照顾员工，让他们有发展空间。这些还不算麻烦，真正麻烦的是，有些同行在不断跟你竞争资源，有些媒体在网上胡说八道，有些投资人只看股价涨跌，还有嫉妒你的人在暗地里打小报告。而作为科学家，还得是道德模范，让世人敬仰，容不得丝毫瑕疵，你说难不难？难，如果事事聪明，非得累死不可。任何人都不可能让所有人满意，科研本身又是一个不确定性很强的工作，谁能保证每天都有重大进展？科学家又都非常聪明，很容易钻牛角尖，所以更需要难得糊涂的钝感力。难得糊涂，要知道对谁该糊涂，对谁该聪明，何时该糊涂，何时该聪明。对人际关系的糊涂是为了保全对科学研究的聪明，对利益关系的糊涂是为了保障对学生员工的真诚。不需要解决所有问题,只需要化解大部分矛盾,只要船不翻,漏点儿水又何妨。更重要的是,难得糊涂是对自己,不要把自己逼那么紧,独处的时候要看清楚,我们只是一坨肉,不是任何角色,被逼得太紧,就会生病甚至死亡。我们只有健康长寿,才是对国家负责,才是人民的福气。因此,科学家最需要钝感力,也最需要国家和人民的保护,请爱护他们脆弱的身体,以及同样脆弱的心灵!

15.3 爱:包容宽恕

将钝感力说到底,还是要回归"爱",只有爱能化解一切冤仇,包容所有不平。孔子一生追求"仁",而最重视"恕",为何?孔子一生都在研究人际关系和伦理道德,他知道人际关系的起点是爱,只有"仁者爱人"才能和谐共处。然而,人际关系如此复杂多变,我们不可能事事顺心,各种利益纠葛的结果就是伤害与挫败。因此,人际关系的终点也是爱,只有"宽恕"才能放过对手,也放过自己,让彼此的心都重归平和。能"仁"能"恕",就能放能收,不离大爱,不舍众生。一旦难以厘清世间的种种矛盾,就请回到起点,将棱棱角角全部抹平,回归混沌,这也是钝感力的最高境界了吧。

这种以爱为主导的钝感力在家庭关系中尤其重要。就拿婆媳关系来说吧,婆婆跟媳妇是不可调和的矛盾体,她们因为爱聚在了一起,也因为爱的不同产生各种矛盾。婆婆和媳妇的初衷都是为了这个家好,却有着截然不同的方式和态度。婆婆认为媳妇应该做家务,而媳妇认为夫妻应该平等;婆婆认为媳妇应该相夫教子,而媳妇认为女性应该独立;婆婆固守着老一辈人的传统,而媳妇秉持着新一代人的理念,这些价值观上的差异是不可能抹平的。难道这样就无解了吗?这时就需要爱,需要钝感力。不需要分得清,也不需要讲得明,吵架更无济于事,这时只需要谈天说地,不用讲正题,聊聊东西,不用分南北,关键是沟通感情,而非解决问题。当两个人有说有笑,相谈甚欢时,什么矛盾不能化解,什么毛病不能包容?正所谓一笑泯恩仇,本来就是两片心中的乌云,吹股风也就不成形了。要知道,无论是谁都不容易,既然成了一家人,就应该相濡以沫,彼此温暖。缘分并不是永恒的,说不定哪天谁先离开,满打满算,不过几十年,相聚的日子就更短,何须斤斤计较呢?

钝感力是太极,是智慧,也是爱,更可以源于爱,内现智慧,外显太极。钝感力也是知足、是感恩、是谦逊、是理解。钝感力是减压的妙方,无须逻辑,只需行动;钝感力是润物的春雨,无须分辨,只需感受。无论钝感力是什么,都是为了让我们更好地活在世间,让自己开心,让他人愉悦。愿人人不计较,事事多留情,天地常交融,世间充满爱。

第 16 章
打破束缚

我要打破束缚，

打破这些年来身上的枷锁。

我不是奴隶，

我不是别人手中的玩偶，

我更不是你的工具抑或梦想。

我就是我，

我拥有我自己的生命，

我就是我，

我秀出我自己的风采。

无人替代，

我的思想，

我的独特，

我的个性！

你喜欢也好，

不喜欢也罢，

我要释放，

把自己释放给这个世界。

你会发现世界真的会因为你而变得精彩。

让周围的人因你而快乐吧，

让周围的人因你而振奋吧，

让自己因为自己的生命而欢呼雀跃吧！

如果上帝赐予我生命，

我就有权力选择，

如果社会给我套上枷锁，

我就有权利去挣脱。

为什么，

为什么要忘掉自己的思想而成为工具？

为什么，

为什么要舍弃自己的追求而成为石子？

这个世界的工具太多了，

他们缺少真正的工匠，

这个社会的石子太多了，

他们需要高大的楼房。

我们不是生就伟岸，

但我们可以挺拔。

我们不是生就完美，

但我们可以独特！

我看到那些成功的人时会换一种眼光。

我会忽略他们的财富，

忽略他们获得的所有名和利，

而去真正地欣赏他们之前奋斗的美丽。

他们的生命叫作精彩。

也许我们并不羡慕他们的生活，

但我们要为他们的世界而感动。

他们可以去做自己想做的事情，

他们可以去见识更广阔的天空，

他们可以尽情地展现他们自己，

一个千百万年来的独特生灵。

无论我的父母多么希望我能够平淡地生活，

无论社会有多少失败的案例，

它们统统压不住我内心的呼唤。

就在心的最深处，

在那一片还没有被侵蚀的地方，

一直有一个声音，

告诉我不要放弃，

告诉我伟大的含义。

无数次，

我被舆论淹没了，

无数次，

我面对压力屈服了。

但总会在那之后，

我心中的声音不断地撕扯着我的大脑，

让它重新振奋。

我不知道它是什么，

但我知道我与众不同！

不知从什么时候开始，

有人喜欢上了它，

也不知从什么时候开始，

有人告诉我其实我很普通。

普通，

开始我认为普通就是平庸，

普通，

开始我觉得普通就失去了机会，

但现在我知道，

普通是别人眼中的评价，

不是自己的，

我的价值一定要由我来定，

而不是那些不懂价值的过客。

我的思想独一无二，

如果一定要把它限定住，

你一定会失败的。

我不需要成就完美，

因为完美并不美。

我们最爱的是那一片突出的部分，

那份与众不同的奇妙。

我不需要感叹自己的缺憾，

那是契机，

那是真正美的源泉。

不知什么时候，

我们开始不知道我们真正喜欢的东西了，

不知什么时候，

我们开始不理解我们所谓的梦想了，

更不知什么时候，

我们开始习惯于在牢笼中生活，

带着枷锁前进。

为什么前进，

因为周围的人都在前进，

为什么向那个方向，

因为你要和他们一样，

而领队的人怎么想呢，

也许是你们的跟随给了他力量，

那也许是他的人生，

但很快也会成为你们的。

我们的生命和动物有什么区别呢？

盲目地跟随，

只为了生存，

生存是我们的最终目的吗？

什么是活得更好，

什么是实现人生的价值，

那是做给别人看的还是做给自己看的，

你看的是别人还是自己？

从二十岁开始我们不知道什么是自己想要的，

我们以为是金钱和地位，

我们以为是房子和工作。

也许是，

也许不是……

我要仔细地想想每一个让我感动的瞬间，

我要细细地挖掘那些许久以前的向往。

我要把自己从枷锁中释放，

我不当奴隶，
不当工具，
不当牺牲品！
我爱自己的生命，
我爱所有爱我的人，
我要尽力释放自己的温度去温暖他们，
但前提是我要成为太阳，
一个不需要太人但可以发光发热的太阳。
为了所有让我感动的人，
为了所有赐予我新生的人！

我要在年轻的时候去追求自己的梦想，
不是每一颗种子都可以发芽，
但播种总会给我们希望。
我希望不久的将来我可以自由地弹琴和歌唱，
我爱那些自己创造的音乐，
我愿意为世界创造我的音乐。
我希望不久的将来我可以去一个更大的世界，
和那里的人们交流，
我是如此地畅想着不平凡的美丽，
每个人的美丽都让我感动！
我要释放自己的生命，
我要去成就一份真正属于自己的精彩！

第 17 章
放松点儿，我的朋友

放松点儿，我的朋友，
读这段文字用不了多久，
请你不要着急，
马上把它读完。
放松点儿，我的朋友，
你没有你想象的那么忙，
你其实有很多几分钟的，
空闲时光。
放松点儿，我的朋友，
这段文字既无逻辑也无结构，
你无须费力，
只需用心感受。
放松点儿，我的朋友，
生命的节奏不应该那么紧张，
你看窗外的鸟儿，
无须辛劳，
也自有天养。
它们唱着动听的歌儿，
却不用管听歌的是人还是鸟。
放松点儿，我的朋友，
工作不应该是你的全部，
外在的规则只是一场游戏，

玩得不开心了，
就放下它回归自己。
放松点儿，我的朋友，
过去不应该成为你的负担，
那一段段难忘的经历，
只不过是被挑选和修改过的画面，
记忆中的故事很少是事实。
放松点儿，我的朋友，
今天的你不应该为昨天烦忧，
看看当下的身体，
可曾阻挡你成为新的自己。
放松点儿，我的朋友，
那些童年的创伤也许还留在你的身上，
但只要你勇敢点儿，
就可以赋予它新的意义。
放松点儿，我的朋友，
生命的最高追求就是自由，
禁锢你的除了你的思想，
可还有其他锁链？
放松点儿，我的朋友，
你不需要获得他人的理解，
没有人能够真的理解你，
甚至包括你自己。
放松点儿，我的朋友，
往日既然无须追悔，
那明天是否可以放心追寻，
梦想是你的权利，
实现不了也会令你开心。
放松点儿，我的朋友，
你是世界上进化最完美的生灵，
你无须变得更好，
也自会有人爱你疼你。
哪怕在你最脆弱的时候，

也总能听到关心的话语。
放松点儿，我的朋友，
你无须因为对比而感到难过，
对比是世界的规则，
但可以不是你的。
放松点儿，我的朋友，
弱肉强食是动物的法则，
真正高等的文明，
人人生而平等！
放松点儿，我的朋友，
蓝天白云永远属于你，
你无须比别人拥有更多，
你早就拥有了全世界。
放松点儿，我的朋友，
对比和竞争永远没有尽头，
天下第一是最强大也最脆弱的，
没有谁比他更加焦虑。
放松点儿，我的朋友，
你无须在竞争中获胜，
生命的赐予已然丰厚，
你只要少点儿欲望，
便总能找到幸福。
放松点儿，我的朋友，
累累的伤痕还在隐隐作痛，
但那也许不是你的错，
你也无须为这个疯狂的世界，
承担所有罪责。
放松点儿，我的朋友，
轻快的音乐随时可以响起，
你需要准备的不只是耳朵，
还有那颗沉重的心灵。
放松点儿，我的朋友，
你的爱好请你珍惜和保留，

它无须为你带来任何利益，
只要你喜欢，
天堂就在人间！
放松点儿，我的朋友，
你无须为他人的执着负责，
他们不喜欢是他们的事，
你的课题，
与他人无关。
放松点儿，我的朋友，
你的心底自然有着对世界的爱，
你喜欢看他人微笑，
你也希望逗他们开心。
放松点儿，我的朋友，
伤害他人从来不是你的本意，
你只是出于害怕和恐惧，
如果你愿意，
全世界都可以原谅你。
放松点儿，我的朋友，
这个世界也充满了人性的黑暗，
我们全副武装，
只是害怕受伤，
但也不要因此，
放下内心的善良。
放松点儿，我的朋友，
内心的善和外在的恶是两条饿狼，
究竟哪个会赢，
还要看你的选择。
放松点儿，我的朋友，
我们终究是一个整体，
每一次冲突都会带来伤害，
每一份爱也都会传播开来。
放松点儿，我的朋友，
你应该勇敢地追求自由，

不要害怕被讨厌，
只有顺从你的内心，
才能绽放生命的光彩。
放松点儿，我的朋友，
讨厌你的并不是坏人，
你不需要回应，
只需要尊重。
放松点儿，我的朋友，
真正的爱是双方的自在，
轻轻地放手，
他也不会飞走。
放松点儿，我的朋友，
人生是场未知的旅行，
没有什么最优路径，
只有不一样的沿途风景。
放松点儿，我的朋友，
人生幸好没有按照你的规划进行，
你不会想玩一款，
知道每个结果的游戏。
放松点儿，我的朋友，
你值得拥有世界上最好的东西，
因为它们早已在你的心里。
你无须追寻外在的蝴蝶，
让它们因你而来。
放松点儿，我的朋友，
我想说的话还有很多，
但绝大多数，
你已听过。
放松点儿，我的朋友，
即便听过的话也有必要再次提起，
否则我们总是迷在，
这个纷繁的世界里。
放松点儿，我的朋友，

就让我们放松点儿吧。

工作不该那么繁忙，

生活无须那么紧张，

你拥有最伟大的生命，

你可以赋予它最美的含义。

你无须自卑，

也无须对比，

竞争不是你的宿命，

我与你本是一体。

尽情地放飞吧！

不要让别人的讨厌成为你的锁链，

翱翔在那无限的苍穹中，

顺便将你内心的纯真与爱，

毫无保留地，

洒满人间！

参考文献

[1] WANG X, XIE L, DONG C, et al. Real-ESRGAN: Training Real-World Blind Super-Resolution with Pure Synthetic Data[C/OL]//2021 IEEE/CVF International Conference on Computer Vision Workshops. 2021. DOI:10.1109/iccvw54120.2021.00217.

[2] DONG C, LOY C C, HE K, et al. Learning a Deep Convolutional Network for Image Super-Resolution[C/OL]//Computer Vision – ECCV 2014,Lecture Notes in Computer Science. 2014:184-199. DOI:10.1007/978-3-319-10593-2_13.

[3] FREEMAN W T, PASZTOR E C, CARMICHAEL O T. Learning Low-Level Vision[J/OL]. International Journal of Computer Vision, 2000: 25-47. DOI:10.1023/a:1026501619075.

[4] YANG J, WRIGHT J, HUANG T S, et al. Image Super-Resolution via Sparse Representation[J/OL]. IEEE Transactions on Image Processing, 2010: 2861-2873.DOI:10.1109/tip.2010.2050625.

[5] HINTON G, SALAKHUTDINOV R. Reducing the Dimensionality of Data with Neural Networks[J/OL]. Science, 2006: 504-507. DOI:10.1126/science.1127647.

[6] SALAKHUTDINOV R, MNIH A, HINTON G. Restricted Boltzmann Machines for Collaborative Filtering[C/OL]//International Conference on Machine Learning. 2007.DOI:10.1145/1273496.1273596.

[7] KRIZHEVSKY A, SUTSKEVER I, HINTON G. ImageNet Classification with Deep Convolutional Neural Networks[C/OL]. Advances in Neural Information Processing Systems, 2012: 84-90. DOI:10.1145/3065386.

[8] HE K, SUN J, TANG X. Single Image Haze Removal Using Dark Channel Prior[C/OL]. IEEE Conference on Computer Vision and Pattern Recognition, 2009: 2341-2353.DOI:10.1109/tpami.2010.168.

[9] DENG J, DONG W, SOCHER R, et al. ImageNet: A Large-Scale Hierarchical Image Database[C/OL]//IEEE Conference on Computer Vision and Pattern Recognition. 2009.DOI:10.1109/cvpr.2009.5206848.

[10] HE K, SUN J, TANG X. Guided Image Filtering[C/OL]//European Conference on Computer Vision. 2010: 1-14. DOI:10.1007/978-3-642-15549-9_1.

[11] HE K, ZHANG X, REN S, et al. Deep Residual Learning for Image Recognition[C/OL]//IEEE Conference on Computer Vision and Pattern Recognition. 2016.DOI:10.1109/cvpr.2016.90.

[12] HE K, CHEN X, XIE S, et al. Masked Autoencoders Are Scalable Vision Learners[C/OL]//IEEE/CVF Conference on Computer Vision and Pattern Recognition. 2022.DOI:10.1109/cvpr52688.2022.01553.

[13] LIM B, SON S, KIM H, et al. Enhanced Deep Residual Networks for Single Image Super-Resolution[C/OL]//IEEE Conference on Computer Vision and Pattern Recognition Workshops. 2017. DOI:10.1109/cvprw.2017.151.

[14] LEDIG C, THEIS L, HUSZAR F, et al. Photo-Realistic Single Image Super-Resolution Using a Generative Adversarial Network[C/OL]//IEEE Conference on Computer Vision and Pattern Recognition. 2017. DOI:10.1109/cvpr.2017.19.

[15] AGUSTSSON E, TIMOFTE R. NTIRE 2017 Challenge on Single Image Super-Resolution: Dataset and Study[C/OL]//2017 IEEE Conference on Computer Vision and Pattern Recognition Workshops (CVPRW). 2017. DOI:10.1109/cvprw.2017.150.

[16] TIMOFTE R, AGUSTSSON E, VAN GOOL L, et al. NTIRE 2017 Challenge on Single Image Super-Resolution: Methods and Results[C/OL]//2017 IEEE Conference on Computer Vision and Pattern Recognition Workshops (CVPRW). 2017.DOI:10.1109/cvprw.2017.149.

[17] TIMOFTE R, DE SMET V, VAN GOOL L. A+: Adjusted Anchored Neighborhood Regression for Fast Super-Resolution[C/OL]//Computer Vision - ACCV 2014,Lecture Notes in Computer Science. 2015: 111-126. DOI:10.1007/978-3-319-16817-3_8.

[18] TIMOFTE R, DE SMET V, VAN GOOL L. Anchored Neighborhood Regression for Fast Example-Based Super-Resolution[C/OL]//IEEE International Conference on Computer Vision. 2013. DOI:10.1109/iccv.2013.241.

[19] TIMOFTE R, ROTHE R, VAN GOOL L. Seven Ways to Improve Example-Based Single Image Super Resolution[C/OL]//IEEE Conference on Computer Vision and Pattern Recognition. 2016. DOI:10.1109/cvpr. 2016. 206.

[20] GU S, ZUO W, XIE Q, et al. Convolutional Sparse Coding for Image Super-Resolution[C/OL]//IEEE International Conference on Computer Vision (ICCV). 2015.DOI:10.1109/iccv.2015.212.

[21] SCHULTER S, LEISTNER C, BISCHOF H. Fast and Accurate Image Upscaling with Super-Resolution Forests[C/OL]//IEEE Conference on Computer Vision and Pattern Recognition (CVPR). 2015. DOI:10.1109/cvpr. 2015.7299003.

[22] WANG Z, LIU D, YANG J, et al. Deep Networks for Image Super-Resolution with Sparse Prior[C]. IEEE International Conference on Computer Vision, 2015.

[23] ZHANG K, ZUO W, CHEN Y, et al. Beyond a Gaussian Denoiser: Residual Learning of Deep CNN for Image Denoising[J/OL]. IEEE Transactions on Image Processing, 2017: 3142-3155. DOI:10.1109/tip.2017.2662206.

[24] XIE Q, ZHOU M, ZHAO Q, et al. Multispectral and Hyperspectral Image Fusion by MS/HS Fusion Net[C]. IEEE/CVF Conference on Computer Vision and Pattern Recognition, 2019.

[25] QUAN C, ZHOU J, ZHU Y, et al. Homotopic Gradients of Generative Density Priors for MR Image Reconstruction[J]. IEEE Transactions on Medical Imaging, 2020.

[26] SHI W, CABALLERO J, HUSZAR F, et al. Real-Time Single Image and Video Super-Resolution Using an Efficient Sub-Pixel Convolutional Neural Network[C/OL]//IEEE Conference on Computer Vision and Pattern Recognition. 2016. DOI:10.1109/cvpr.2016.207.

[27] DONG C, LOY C C, TANG X. Accelerating the Super-Resolution Convolutional Neural Network[C/OL]// European Conference on Computer Vision. 2016: 391-407.DOI:10.1007/978-3-319-46475-6_25.

[28] KIM J, LEE J K, LEE K M. Accurate Image Super-Resolution Using Very Deep Convolutional Networks[C/OL]// IEEE Conference on Computer Vision and Pattern Recognition. 2016. DOI:10.1109/cvpr.2016.182.

[29] HUANG G, LIU Z, VAN DER MAATEN L, et al. Densely Connected Convolutional Networks[C/OL]//IEEE Conference on Computer Vision and Pattern Recognition. 2017.DOI:10.1109/cvpr.2017.243.

[30] TONG T, LI G, LIU X, et al. Image Super-Resolution Using Dense Skip Connections[C/OL]//IEEE International Conference on Computer Vision. 2017. DOI:10.1109/iccv.2017.514.

[31] ZHANG Y, TIAN Y, KONG Y, et al. Residual Dense Network for Image Super-Resolution[C/OL]//IEEE/CVF Conference on Computer Vision and Pattern Recognition. 2018. DOI:10.1109/cvpr.2018.00262.

[32] ZHANG Y, LI K, LI K, et al. Image Super-Resolution Using Very Deep Residual Channel Attention Networks[C/OL]// European Conference on Computer Vision. 2018: 294-310. DOI:10.1007/978-3-030-01234-2_18.

[33] LIU J, ZHANG W, TANG Y, et al. Residual Feature Aggregation Network for Image Super-Resolution[C/OL]// IEEE/CVF Conference on Computer Vision and Pattern Recognition. 2020. DOI:10.1109/cvpr42600.2020.00243.

[34] DAI T, CAI J, ZHANG Y, et al. Second-Order Attention Network for Single Image Super-Resolution [C/OL]//IEEE/CVF Conference on Computer Vision and Pattern Recognition. 2019. DOI:10.1109/cvpr.2019.01132.

[35] NIU B, WEN W, REN W, et al. Single Image Super-Resolution via a Holistic Attention Network[C/OL]// European Conference on Computer Vision. 2020: 191-207.DOI:10.1007/978-3-030-58610-2_12.

[36] LIANG J, CAO J, SUN G, et al. SwinIR: Image Restoration Using Swin Transformer[C/OL]//IEEE/CVF International Conference on Computer Vision Workshops. 2021.DOI:10.1109/iccvw54120.2021.00210.

[37] ZAMIR S W, ARORA A, KHAN S, et al. Restormer: Efficient Transformer for High-Resolution Image Restoration.[C/OL]//IEEE/CVF Conference on Computer Vision and Pattern Recognition. 2022. DOI:10.1109/cvpr52688.2022.00564.

[38] CHEN X, WANG X, ZHOU J, et al. Activating More Pixels in Image Super-Resolution Transformer[C]. IEEE/CVF Conference on Computer Vision and Pattern Recognition, 2023.

[39] LIU J, TANG J, WU G, et al. Residual Feature Distillation Network for Lightweight Image Super-Resolution [C/OL]//European Conference on Computer Vision. 2020: 41-55. DOI:10.1007/978-3-030-67070-2_2.

[40] LI Z, LIU Y, CHEN X, et al. Blueprint Separable Residual Network for Efficient Image Super-Resolution[C]. IEEE/CVF Conference on Computer Vision and Pattern Recognition, 2022.

[41] GAO Q, ZHAO Y, LI G, et al. Image Super-Resolution Using Knowledge Distillation[M/OL]//Computer Vision – ACCV 2018: 527-541. DOI:10.1007/978-3-030-20890-5_34.

[42] ZHANG Y, WANG H, QIN C, et al. Aligned Structured Sparsity Learning for Efficient Image Super-Resolution[C]. Advances in Neural Information Processing Systems, 2021.

[43] CHU X, ZHANG B, MA H, et al. Fast, Accurate and Lightweight Super-Resolution with Neural Architecture Search[C/OL]//International Conference on Pattern Recognition (ICPR). 2021. DOI:10.1109/icpr48806. 2021. 9413080.

[44] ZHANG X, ZENG H, ZHANG L. Edge-Oriented Convolution Block for Real-Time Super Resolution on Mobile Devices[C/OL]//ACM International Conference on Multimedia. 2021. DOI:10.1145/3474085.3475291.

[45] WANG X, DONG C, SHAN Y. RepSR: Training Efficient VGG-style Super-Resolution Networks with Structural Re-Parameterization and Batch Normalization[C]. ACM International Conference on Multimedia, 2022.

[46] ZHAO H, KONG X, HE J, et al. Efficient Image Super-Resolution Using Pixel Attention[M/OL]//Computer Vision – ECCV 2020 Workshops, Lecture Notes in Computer Science. 2020: 56-72. DOI:10.1007/978-3-030-67070-2_3.

[47] VASWANI A, SHAZEER N, PARMAR N, et al. Attention is All You Need[C]. Advances in Neural Information Processing Systems, 2017.

[48] DEVLIN J, CHANG M W, LEE K, et al. BERT: Pre-Training of Deep Bidirectional Transformers for Language Understanding[J/OL]//arXiv preprint arXiv:1810.04805. 2019.DOI:10.18653/v1/n19-1423.

[49] BROWN T B, MANN B, RYDER N, et al. Language Models are Few-Shot Learners[C]. Advances in Neural Information Processing Systems, 2020.

[50] DOSOVITSKIY A, BEYER L, KOLESNIKOV A, et al. An Image is Worth 16x16 Words: Transformers for Image Recognition at Scale[C]. International Conference on Learning Representations, 2020.

[51] CHEN H, WANG Y, GUO T, et al. Pre-Trained Image Processing Transformer[C/OL]//2021 IEEE/CVF Conference on Computer Vision and Pattern Recognition. 2021.DOI:10.1109/cvpr46437.2021.01212.

[52] LIU Z, LIN Y, CAO Y, et al. Swin Transformer: Hierarchical Vision Transformer Using Shifted Windows[C/OL]// IEEE/CVF International Conference on Computer Vision (ICCV). 2021. DOI:10.1109/iccv48922.2021.00986.

[53] ZHANG Y, LI K, LI K, et al. Residual Non-Local Attention Networks for Image Restoration.[C]. International Conference on Learning Representations, 2019.

[54] HE J, DONG C, QIAO Y. Modulating Image Restoration with Continual Levels via Adaptive Feature Modification Layers[C]. IEEE/CVF Conference on Computer Vision and Pattern Recognition, 2019.

[55] DONG C, DENG Y, LOY C C, et al. Compression Artifacts Reduction by a Deep Convolutional Network[C]. IEEE International Conference on Computer Vision, 2015.

[56] HE J, DONG C, QIAO Y. Interactive Multi-Dimension Modulation with Dynamic Controllable Residual Learning for Image Restoration[C/OL]//Computer Vision – ECCV 2020, Lecture Notes in Computer Science. 2020: 53-68. DOI:10.1007/978-3-030-58565-5_4.

[57] YU F, GU J, LI Z, et al. Scaling Up to Excellence: Practicing Model Scaling for Photo-Realistic Image Restoration In the Wild[C]. IEEE/CVF Conference on Computer Vision and Pattern Recognition (CVPR), 2024.

[58] KINGMA D P, WELLING M. Auto-Encoding Variational Bayes[J]. arXiv preprint arXiv:1312.6114, 2013.

[59] GOODFELLOW I, POUGET-ABADIE J, MIRZA M, et al. Generative Adversarial Nets[C/OL]. Advances in Neural Information Processing Systems, 2014: 177-177.DOI:10.3156/jsoft.29.5_177_2.

[60] WANG X, YU K, WU S, et al. ESRGAN: Enhanced Super-Resolution Generative Adversarial Networks[C/OL]// European Conference on Computer Vision. 2019: 63-79. DOI:10.1007/978-3-030-11021-5_5.

[61] KARRAS T, LAINE S, AILA T. A Style-Based Generator Architecture for Generative Adversarial Networks [C/OL]//IEEE/CVF Conference on Computer Vision and Pattern Recognition (CVPR). 2019. DOI:10.1109/cvpr. 2019.00453.

[62] HO J, JAIN A, ABBEEL P. Denoising Diffusion Probabilistic Models.[C]. Neural Information Processing Systems, 2020.

[63] RAMESH A, DHARIWAL P, NICHOL A, et al. Hierarchical Text-Conditional Image Generation with CLIP Latents[J]. arXiv preprint arXiv:2204.06125, 2022.

[64] SAHARIA C, CHAN W, SAXENA S, et al. Photorealistic Text-to-Image Diffusion Models with Deep Language Understanding[C]. Advances in Neural Information Processing Systems, 2022.

[65] ROMBACH R, BLATTMANN A, LORENZ D, et al. High-Resolution Image Synthesis with Latent Diffusion Models[C/OL]//2022 IEEE/CVF Conference on Computer Vision and Pattern Recognition. 2022. DOI:10.1109/ cvpr52688.2022.01042.

[66] ESSER P, ROMBACH R, OMMER B. Taming Transformers for High-Resolution Image Synthesis[C/OL]// IEEE/CVF Conference on Computer Vision and Pattern Recognition. 2021. DOI:10.1109/cvpr46437.2021.01268.

[67] ZHANG L, RAO A, AGRAWALA M. Adding Conditional Control to Text-to-Image Diffusion Models[C]. IEEE/CVF International Conference on Computer Vision, 2023.

[68] DHARIWAL P, NICHOL A. Diffusion Models Beat GANs on Image Synthesis[C]. Advances in Neural Information Processing Systems, 2021.

[69] KANG M, ZHU J Y, ZHANG R, et al. Scaling Up GANs for Text-to-Image Synthesis[C]. IEEE/CVF Conference on Computer Vision and Pattern Recognition, 2023.

[70] BLAU Y, MICHAELI T. The Perception-Distortion Tradeoff[C/OL]//IEEE/CVF Conference on Computer Vision and Pattern Recognition. 2018. DOI:10.1109/cvpr.2018.00652.

[71] WANG X, YU K, DONG C, et al. Recovering Realistic Texture in Image Super-Resolution by Deep Spatial Feature Transform[C/OL]//2018 IEEE/CVF Conference on Computer Vision and Pattern Recognition. 2018. DOI:10.1109/ cvpr.2018.00070.

[72] ZHANG W, LIU Y, DONG C, et al. RankSRGAN: Generative Adversarial Networks with Ranker for Image Super-Resolution[C/OL]//2019 IEEE/CVF International Conference on Computer Vision (ICCV). 2019. DOI:10. 1109/iccv.2019.00319.

[73] WANG X, LI Y, ZHANG H, et al. Towards Real-World Blind Face Restoration with Generative Facial Prior[C/OL]//IEEE/CVF Conference on Computer Vision and Pattern Recognition. 2021. DOI:10.1109/cvpr46437. 2021.00905.

[74] ZHOU S, CHAN K C K, LI C, et al. Towards Robust Blind Face Restoration with Codebook Lookup Transformer[C]. Advances in Neural Information Processing Systems, 2022.

[75] SAHARIA C, HO J, CHAN W, et al. Image Super-Resolution Via Iterative Refinement[J/OL]. IEEE Transactions on Pattern Analysis and Machine Intelligence, 2022: 1-14.DOI:10.1109/tpami.2022.3204461.

[76] WANG Y, YU J, ZHANG J. Zero-Shot Image Restoration Using Denoising Diffusion Null-Space Model[C]. International Conference on Learning Representations, 2023.

[77] KAWAR B, ELAD M, ERMON S, et al. Denoising Diffusion Restoration Models[C]. Advances in Neural Information Processing Systems, 2022.

[78] WANG J, YUE Z, ZHOU S, et al. Exploiting Diffusion Prior for Real-World Image Super-Resolution[J]. International Journal of Computer Vision, 2024.

[79] LIN X, HE J, CHEN Z, et al. DiffBIR: Towards Blind Image Restoration with Generative Diffusion Prior[C]. European Conference on Computer Vision, 2024.

[80] PODELL D, ENGLISH Z, LACEY K, et al. SDXL: Improving Latent Diffusion Models for High-Resolution Image Synthesis[J]. arXiv preprint arXiv:2307.01952, 2023.

[81] ANDERSON B D O. Reverse-time diffusion equation models[J/OL]. Stochastic Processes and Their Applications, 1982: 313-326. DOI:10.1016/0304-4149(82)90051-5.

[82] LIU Q, LEE J, JORDAN M. A Kernelized Stein Discrepancy for Goodness-of-fit Tests[C]. International Conference on Machine Learning, 2016.

[83] SONG Y, SOHL-DICKSTEIN J, KINGMA D P, et al. Score-Based Generative Modeling through Stochastic Differential Equations[C]. International Conference on Learning Representations, 2021.

[84] SONG J, MENG C, ERMON S. Denoising Diffusion Implicit Models[J]. arXiv: preprint arXiv: 2010.02502, 2020.

[85] SHECHTMAN E, CASPI Y, IRANI M. Space-Time Super-Resolution[J/OL]. IEEE Transactions on Pattern Analysis and Machine Intelligence, 2005: 531-545.DOI:10.1109/tpami.2005.85.

[86] GLASNER D, BAGON S, IRANI M. Super-Resolution from a Single Image[C/OL]//2009 IEEE 12th International Conference on Computer Vision. 2009.DOI:10.1109/iccv.2009.5459271.

[87] IRANI M, PELEG S. Improving Resolution by Image Registration[J/OL]. CVGIP: Graphical Models and Image Processing, 1991: 231-239. DOI:10.1016/1049-9652(91)90045-l.

[88] HUANG T S. Multi-Frame Image Restoration and Registration[J]. Computer Vision and Image Processing, 1984.

[89] BAKER S, KANADE T. Limits on Super-Resolution and How to Break Them[C/OL]//IEEE Conference on Computer Vision and Pattern Recognition. 2002.DOI:10.1109/cvpr.2000.854852.

[90] LIN Z, SHUM H Y. On the Fundamental Limits of Reconstruction-Based Super-Resolution Algorithms[C/OL]//IEEE Conference on Computer Vision and Pattern Recognition. 2001.DOI:10.1109/cvpr.2001.990663.

[91] KAPPELER A, YOO S, DAI Q, et al. Video Super-Resolution with Convolutional Neural Networks[J/OL]. IEEE Transactions on Computational Imaging, 2016: 109-122.DOI:10.1109/tci.2016.2532323.

[92] DRULEA M, NEDEVSCHI S. Total Variation Regularization of Local-Global Optical Flow[C/OL]//IEEE Conference on Intelligent Transportation Systems. 2011.DOI:10.1109/itsc.2011.6082986.

[93] NAH S, BAIK S, HONG S, et al. NTIRE 2019 Challenge on Video Deblurring and Super-Resolution: Dataset and Study[C/OL]//IEEE/CVF Conference on Computer Vision and Pattern Recognition Workshops. 2019. DOI:10.1109/cvprw.2019.00251.

[94] RUSSAKOVSKY O, DENG J, SU H, et al. ImageNet Large Scale Visual Recognition Challenge[J/OL]. International Journal of Computer Vision, 2015: 211-252.DOI:10.1007/s11263-015-0816-y.

[95] XUE T, CHEN B, WU J, et al. Video Enhancement with Task-Oriented Flow[J/OL]. International Journal of Computer Vision, 2019: 1106-1125. DOI:10.1007/s11263-018-01144-2.

[96] WANG X, CHAN K C K, YU K, et al. EDVR: Video Restoration with Enhanced Deformable Convolutional Networks[C/OL]//2019 IEEE/CVF Conference on Computer Vision and Pattern Recognition Workshops. 2019. DOI:10.1109/cvprw.2019.00247.

[97] DAI J, QI H, XIONG Y, et al. Deformable Convolutional Networks[C/OL]//IEEE International Conference on Computer Vision. 2017. DOI:10.1109/iccv.2017.89.

[98] CHAN K C K, WANG X, YU K, et al. Understanding Deformable Alignment in Video Super-Resolution[C/OL]. Proceedings of the AAAI Conference on Artificial Intelligence, 2022: 973-981. DOI:10.1609/aaai.v35i2.16181.

[99] CHAN K C K, WANG X, YU K, et al. BasicVSR: The Search for Essential Components in Video Super-Resolution and Beyond[C/OL]//2021 IEEE/CVF Conference on Computer Vision and Pattern Recognition. 2021. DOI:10.1109/cvpr46437.2021.00491.

[100] CHAN K C K, ZHOU S, XU X, et al. BasicVSR++: Improving Video Super-Resolution with Enhanced Propagation and Alignment.[C/OL]//2022 IEEE/CVF Conference on Computer Vision and Pattern Recognition. 2022. DOI:10.1109/cvpr52688.2022.00588.

[101] LIU H, RUAN Z, ZHAO P, et al. Video Super-Resolution Based on Deep Learning: A Comprehensive Survey[J/OL]. Artificial Intelligence Review, 2022: 5981-6035.DOI:10.1007/s10462-022-10147-y.

[102] CAO J, LI Y, ZHANG K, et al. Video Super-Resolution Transformer[J]. arXiv preprint arXiv:2106.06847, 2021.

[103] LIANG J, CAO J, FAN Y, et al. VRT: A Video Restoration Transformer[J]. IEEE Transactions on Image Processing, 2024.

[104] SHI S, GU J, XIE L, et al. Rethinking Alignment in Video Super-Resolution Transformers[C]. Advances in Neural Information Processing Systems, 2022.

[105] GU J, DONG C. Interpreting Super-Resolution Networks with Local Attribution Maps[C/OL]//IEEE/CVF Conference on Computer Vision and Pattern Recognition. 2021. DOI:10.1109/cvpr46437.2021.00908.

[106] ZHOU S, YANG P, WANG J, et al. Upscale-A-Video: Temporal-Consistent Diffusion Model for Real-World Video Super-Resolution[C]. Conference on Computer Vision and Pattern Recognition, 2024.

[107] LIU Y, ZHAO H, CHAN K C K, et al. Temporally Consistent Video Colorization with Deep Feature Propagation and Self-regularization Learning[J]. Computational Visual Media, 2024.

[108] LAI W S, HUANG J B, WANG O, et al. Learning Blind Video Temporal Consistency[C]. European Conference on Computer Vision, 2018.

[109] BONNEEL N, TOMPKIN J, SUNKAVALLI K, et al. Blind Video Temporal Consistency[J/OL]. ACM Transactions on Graphics, 2015: 1-9. DOI:10.1145/2816795.2818107.

[110] YAO C H, CHANG C Y, CHIEN S Y. Occlusion-Aware Video Temporal Consistency[C/OL]//Proceedings of the 25th ACM international conference on Multimedia. 2017.DOI:10.1145/3123266.3123363.

[111] LUCAS B D, KANADE T. An Iterative Image Registration Technique with an Application to Stereo Vision[C]. International Joint Conference on Artificial Intelligence, 1981.

[112] DOSOVITSKIY A, FISCHER P, ILG E, et al. FlowNet: Learning Optical Flow with Convolutional Networks[C/OL]//2015 IEEE International Conference on Computer Vision. 2015. DOI:10.1109/iccv.2015.316.

[113] RANJAN A, BLACK M J. Optical Flow Estimation Using a Spatial Pyramid Network[C/OL]//IEEE Conference on Computer Vision and Pattern Recognition. 2017.DOI:10.1109/cvpr.2017.291.

[114] SUNDARARAJAN M, TALY A, YAN Q. Axiomatic Attribution for Deep Networks[C]. International Conference on Machine Learning, 2017.

[115] MESSERLI F H. Chocolate Consumption, Cognitive Function, and Nobel Laureates[J/OL]. New England Journal of Medicine, 2012, 367(16): 1562-1564.DOI:10.1056/nejmon1211064.

[116] PEARL J, MACKENZIE D. The Book of Why: The New Science of Cause and Effect[M/OL]. Basic books, 2018: 1. DOI:10.1090/noti1912.

[117] HU J, GU J, YU S, et al. Interpreting Low-Level Vision Models with Causal Effect Maps[J]. arXiv preprint arXiv:2407.19789, 2024.

[118] LIU Y, LIU A, GU J, et al. Discovering Distinctive "Semantics" in Super-Resolution Networks[J]. arXiv preprint arXiv:2108.00406, 2021.

[119] DABOV K, FOI A, KATKOVNIK V, et al. Image Denoising by Sparse 3-D Transform-Domain Collaborative Filtering[J/OL]. IEEE Transactions on Image Processing, 2007: 2080-2095. DOI:10.1109/tip.2007.901238.

[120] YUAN Y, LIU S, ZHANG J, et al. Unsupervised Image Super-Resolution Using Cycle-in-Cycle Generative Adversarial Networks[C/OL]//IEEE/CVF Conference on Computer Vision and Pattern Recognition Workshops. 2018. DOI:10.1109/cvprw.2018.00113.

[121] LUO Z, HUANG Y, SHANG L, et al. Unfolding the Alternating Optimization for Blind Super Resolution[C]. Advances in Neural Information Processing Systems, 2020.

[122] WANG L, WANG Y, DONG X, et al. Unsupervised Degradation Representation Learning for Blind Super-Resolution[C/OL]//IEEE/CVF Conference on Computer Vision and Pattern Recognition. 2021. DOI:10.1109/cvpr46437.2021.01044.

[123] XIE L, WANG X, DONG C, et al. Finding Discriminative Filters for Specific Degradations in Blind Super-Resolution[C]. Advances in Neural Information Processing Systems, 2021.

[124] LIU Z, LUO P, WANG X, et al. Deep Learning Face Attributes in the Wild[C/OL]//IEEE International Conference on Computer Vision. 2015. DOI:10.1109/iccv.2015.425.

[125] MATSUI Y, ITO K, ARAMAKI Y, et al. Sketch-Based Manga Retrieval Using Manga109 Dataset[J/OL]. Multimedia Tools and Applications, 2017: 21811-21838.DOI:10.1007/s11042-016-4020-z.

[126] HUANG J B, SINGH A, AHUJA N. Single Image Super-Resolution from Transformed Self-Exemplars [C/OL]//IEEE Conference on Computer Vision and Pattern Recognition. 2015.DOI:10.1109/cvpr.2015.7299156.

[127] GU J, MA X, KONG X, et al. Networks are Slacking Off: Understanding Generalization Problem in Image Deraining[C]. Advances in Neural Information Processing Systems, 2024.

[128] LIU Y, ZHAO H, GU J, et al. Evaluating the Generalization Ability of Super-Resolution Networks[J]. IEEE Transactions on Pattern Analysis and Machine Intelligence, 2023.

[129] GU J, LU H, ZUO W, et al. Blind Super-Resolution with Iterative Kernel Correction[C/OL]//IEEE/CVF Conference on Computer Vision and Pattern Recognition. 2019.DOI:10.1109/cvpr.2019.00170.

[130] ZHANG K, LIANG J, VAN GOOL L, et al. Designing a Practical Degradation Model for Deep Blind Image Super-Resolution[C/OL]//2021 IEEE/CVF International Conference on Computer Vision (ICCV). 2021. DOI:10.1109/iccv48922.2021.00475.

[131] KONG X, LIU X, GU J, et al. Reflash Dropout in Image Super-Resolution[C/OL]//IEEE/CVF Conference on Computer Vision and Pattern Recognition. 2022. DOI:10.1109/cvpr52688.2022.00591.

[132] KONG X, GU J, LIU Y, et al. A Preliminary Exploration Towards General Image Restoration[J]. arXiv preprint arXiv:2408.15143, 2024.

[133] LIU A, LIU Y, GU J, et al. Blind Image Super-Resolution: A Survey and Beyond[J/OL]. IEEE Transactions on Pattern Analysis and Machine Intelligence, 2022: 1-19.DOI:10.1109/tpami.2022.3203009.

[134] ZHANG K, ZUO W, ZHANG L. Learning a Single Convolutional Super-Resolution Network for Multiple Degradations[C/OL]//IEEE/CVF Conference on Computer Vision and Pattern Recognition. 2018. DOI:10.1109/ cvpr.2018.00344.

[135] HUI Z, LI J, WANG X, et al. Learning the Non-differentiable Optimization for Blind Super-Resolution[C/OL]// IEEE/CVF Conference on Computer Vision and Pattern Recognition. 2021. DOI:10.1109/cvpr46437.2021.00213.

[136] BELL-KLIGLER S, SHOCHER A, IRANI M. Blind Super-Resolution Kernel Estimation Using an Internal-GAN[C]. Advances in Neural Information Processing Systems, 2019.

[137] SHOCHER A, COHEN N, IRANI M. Zero-Shot Super-Resolution Using Deep Internal Learning[C/OL]// IEEE/CVF Conference on Computer Vision and Pattern Recognition. 2018. DOI:10.1109/cvpr.2018.00329.

[138] CHENG X, FU Z, YANG J. Zero-Shot Image Super-Resolution with Depth Guided Internal Degradation Learning[C/OL]//European Conference on Computer Vision. 2020: 265-280. DOI:10.1007/978-3-030-58520-4_16.

[139] ZHOU Y, DENG W, TONG T, et al. Guided Frequency Separation Network for Real-World Super-Resolution[C/OL]//IEEE/CVF Conference on Computer Vision and Pattern Recognition Workshops. 2020. DOI:10.1109/cvprw50498.2020.00222.

[140] CHAN K C K, WANG X, XU X, et al. GLEAN: Generative Latent Bank for Large-Factor Image Super-Resolution[C/OL]//IEEE/CVF Conference on Computer Vision and Pattern Recognition. 2021. DOI:10.1109/cvpr46437.2021.01402.

[141] YANG T, REN P, XIE X, et al. GAN Prior Embedded Network for Blind Face Restoration in the Wild[C/OL]// IEEE/CVF Conference on Computer Vision and Pattern Recognition. 2021. DOI:10.1109/cvpr46437.2021.00073.

[142] GU Y, WANG X, XIE L, et al. VQFR: Blind Face Restoration with Vector-Quantized Dictionary and Parallel Decoder[C]. European Conference on Computer Vision, 2022.

[143] LI R, TAN R T, CHEONG L F. All in One Bad Weather Removal Using Architectural Search[C/OL]//IEEE/CVF Conference on Computer Vision and Pattern Recognition. 2020.DOI:10.1109/cvpr42600.2020.00324.

[144] LI B, LIU X, HU P, et al. All-in-One Image Restoration for Unknown Corruption[C]. IEEE/CVF Conference on Computer Vision and Pattern Recognition, 2022.

[145] KONG X, DONG C, ZHANG L. Towards Effective Multiple-in-One Image Restoration: A Sequential and Prompt Learning Strategy[J]. arXiv preprint arXiv:2401.03379, 2024.

[146] LI W, LU X, LU J, et al. On Efficient Transformer and Image Pre-Training for Low-Level Vision[C]. International Joint Conference on Artificial Intelligence, 2023.

[147] LIU Y, HE J, GU J, et al. DegAE: A New Pretraining Paradigm for Low-Level Vision[C]. IEEE/CVF Conference on Computer Vision and Pattern Recognition, 2023.

[148] ZHANG W, LI X, CHEN X, et al. SEAL: A Framework for Systematic Evaluation of Real-World Super-Resolution[C]. International Conference on Learning Representations, 2024.

[149] LIU Y, CHEN X, MA X, et al. Unifying Image Processing as Visual Prompting Question Answering[C]. International Conference on Machine Learning, 2024.

[150] WANG X, WANG W, Cao Y, et al. Images Speak in Images: A Generalist Painter for In-Context Visual Learning[C]// Proceedings of the IEEE/CVF Conference on Computer Vision and Pattern Recognition. 2023: 6830-6839.

[151] ZAMIR S W, ARORA A, KHAN S, et al. Multi-Stage Progressive Image Restoration[C/OL]//IEEE/CVF Conference on Computer Vision and Pattern Recognition. 2021.DOI:10.1109/cvpr46437.2021.01458.

[152] CHEN L, CHU X, ZHANG X, et al. Simple Baselines for Image Restoration[C]. European Conference on Computer Vision, 2022.

[153] CHEN X, LI Z, PU Y, et al. A Comparative Study of Image Restoration Networks for General Backbone Network Design[C]. European Conference on Computer Vision, 2024.

[154] CHEN X, LIU Y, PU Y, et al. Learning A Low-Level Vision Generalist via Visual Task Prompt[C]. ACM Multimedia, 2024.